中国工程院咨询研究项目

运煤输电比较研究理论与方法

傅志寰　胡思继　周渝慧 等　著

科学出版社

北京

内 容 简 介

本书在运煤输电生产流程分析的基础上，研究提出了运煤输电度电成本的通用性计算模型。依据我国运煤、输电现状，在我国能源资源分布和经济布局的背景下，分别从经济性、环境影响和可靠性等方面，对运煤方案与输电方案进行定性和定量的比较分析，论证运煤和输电的适用距离，对我国能源输送方式选择提供理论支撑和实例论证。

本书对煤炭能源外送选择运煤或输电方式决策工作有重大的参考价值，可为电力系统决策者提供理论依据，也可供从事输电工程科研、规划、设计等技术人员、铁路相关专业人员以及节能管理人员使用和参考。

图书在版编目(CIP)数据

运煤输电比较研究理论与方法/傅志寰等著. —北京：科学出版社，2015.6

(中国工程院咨询研究项目)

ISBN 978-7-03-044552-0

Ⅰ.①运… Ⅱ.①傅… Ⅲ.①煤矿运输-铁路运输-运输经济-研究-中国 ②输电-电力工业-工业经济-研究-中国 Ⅳ.①F532②F426.61

中国版本图书馆 CIP 数据核字(2015)第 122014 号

责任编辑：耿建业 金 蓉 / 责任校对：桂伟利

责任印制：张 倩 / 封面设计：华路天然设计

科学出版社 出版

北京东黄城根北街 16 号

邮政编码：100717

http://www.sciencep.com

双青印刷厂 印刷

科学出版社发行 各地新华书店经销

*

2015 年 5 月第 一 版 开本：720×1000 1/16

2015 年 5 月第一次印刷 印张：8 1/4

字数：112 000

定价：60.00 元

(如有印装质量问题，我社负责调换)

前　　言

我国是煤炭生产大国，其中一半以上用来发电。

煤炭作为一种能源，既可以选择铁路等运输方式运到消费地燃煤电厂，发电后再通过电网输送到终端用户；也可以选择在煤炭基地建设坑口电站就地发电，然后通过电网将电能远距离输送到终端用户。

由于运煤、输电的技术经济特征不同，各自有其相应的适用范围。多年来，运煤输电的比较研究大都基于实际工程项目。由于不同项目背景条件各异，导致比选结论的普适性不强。因此相关研究方法与理论有待进一步深化。

针对这一问题，笔者以中国工程院咨询研究项目（运煤输电比较研究）为依托，组织了有电力专家和运输管理专家参加的课题组，就运煤、输电两种方式的优缺点作了较深入的研究，取得了一些有价值的研究成果。本书就是根据这一研究成果编写的，是课题组全体成员辛劳的结晶。

受作者学术水平和实践经验的限制，书中难免有不妥之处，敬请读者指正。

作　者

2015 年 4 月 5 日

目　　录

摘　　要

本研究依据我国运煤、输电现状，在我国能源资源分布和经济布局的背景下，分别从经济性、环境影响和可靠性等方面，对运煤方案与输电方案进行定性和定量的比较分析，论证运煤和输电的适用距离，对我国能源输送方式选择提供理论支撑和实例论证。

对比方案的界定

运煤方案是指将煤炭通过不同运输方式从煤炭基地运输至负荷中心，并在负荷中心建设发电厂，以满足受端地区电力需求的方案。本课题只将铁路作为煤炭能源的运输方式，包括既有线运煤、新建普通双线运煤和运煤专线三种。

输电方案是指煤炭经煤炭生产地产出，经过坑口电站发电，将煤炭立即转化为电力，根据实际情况，选择不同的电力输送方案，采取超高压输电、特高压输电等方式，将电力输送至用户。

运煤输电度电成本计算模型

本研究分别从购煤成本、发电及运煤或输电过程的营业支出、环境成本和可靠性成本 5 部分，对新建双线运煤方案、既有线运煤方案和输电方案的成本进行全面分析，进而分别建立不同方案度电成本计算模型。通过分析研究，得出的计算模型如下：

1）新建线路运煤方案度电成本计算模型

$$C_1=\frac{\gamma_{电}^{运煤}}{1-\beta_1}\left\{e_{11}+\frac{F_{标}}{F_i}\left[e_{121}\cdot L_{运煤}+e_{121固}+\frac{(e_{122}\cdot L_{运煤}\cdot\lambda_{铁}+E_{铁固})\cdot\alpha}{Q_{运煤}}\right.\right.$$

$$\left.\left.\cdot\left(\frac{1}{n_1}+(1-q_1)\cdot i_1\right)\right]\right\}+e_{131}+\frac{e_{132}}{t_{电}\cdot n_2}+e_{14}+e_{15}$$

2）既有线路运煤方案度电成本计算模型

$$C_1=\frac{\gamma_{电}^{运煤}}{1-\beta_1}\left[e_{11}+\frac{F_{标}}{F_i}(e_{12固}+e_{12变}\cdot L_{运煤})\right]+e_{131}+\frac{e_{132}}{t_{电}\cdot n_2}+e_{14}+e_{15}$$

3）输电方案度电成本计算模型

$$C_2=\frac{(e_{222}\cdot L_{输电}+E_{变流})\cdot\gamma_{电}^{输电}\cdot F_{标}}{Q_{耗煤}\cdot F_i[1-(\beta_3+\beta_4\cdot L_{输电})]}\left(\frac{1}{n_2}+\lambda_{运}\right)$$

$$+\frac{1}{1-(\beta_3+\beta_4\cdot L_{输电})}\left(e_{21}\cdot\gamma_{电}^{输电}+e_{231}+\frac{e_{232}}{t_{电}\cdot n_2}+e_{24}+e_{25}\right)$$

运煤、输电比较组合方案的设计

本研究在度电成本计算模型的基础上，根据运煤方式、输电工程电压等级和输电容量等的不同，设计 11 个运煤输电对比组合方案（6 个主方案和 5 个补充方案）。

主方案有：

方案 1-1：电压 500kV，容量 500 万 kW 交流输电与新建双线铁路运煤对比；

方案 2-1：电压 500kV，容量 900 万 kW 交流输电与新建双线铁路运煤对比；

方案 3-1：电压 1000kV，容量 500 万 kW 交流输电与新建双线铁路运煤对比；

方案 4-1：电压 1000kV，容量 900 万 kW 交流输电与新建双线铁路运煤对比；

方案 5-1：电压±800kV，容量 800 万 kW 直流输电与新建双线铁路运煤对比；

方案 5-2：电压±800kV，容量 800 万 kW 直流输电与运煤专线运煤对比。

通过分析输电工程投资数据、运煤能力比数和运煤专线有关参数等，对不同组合方案的度电成本进行分析计算，可得到不同方案的度电成本，及度电成本与运煤输电距离的关系。

运煤输电临界距离

研究提出临界距离，是指运煤和输电两种方式的度电成本的平衡点所对应的距离。小于这一距离对运煤（输电）有利，大于这一距离对输电（运煤）有利。基于运煤方案和输电方案的度电成本的计算模型，运用函数分析法和图解法，通过变化煤种发热量、输电线造价、输电运维费用、铁路造价、铁路运营成本等影响因素的取值，可分析计算运煤输电的临界距离。

通过研究发现，相关因素的不确定性构成了临界距离的不确定性，临界距离所具有的不确定特征，决定了它不可能是一个确定的数值，只能是一个取值范围，从而最终确定不同组合方案的临界距离取值范围。

根据临界距离取值范围可确定运煤、输电有利范围。在某一距离范围内，若输电方案的度电成本较运煤方案的度电成本低，该距离范围可称为输电的有利范围，相反，若运煤度电成本较输电度电成本低，则称为运煤的有利范围。

运煤输电共用距离与可用范围

分析计算表明，在一定距离条件下，运煤、输电方案的度电成本的比较差，数值上一般都不大，在 0.01～0.02 元/度的数量级。因此，研究提出了运煤、输电共用距离和可用范围的概念。认为在度电成本差可接受的情况下，若工程实际距离在共用距离的范围以内，则运煤方案和输电方案都可采用。共用距离的基本思想是以可接受的运营成本增加量为代价，将运煤、输电有利范围加以扩展，据以提高运煤、输电方案在电力工程中的兼容性和互补性。

运煤输电可接受共用距离，简称“共用距离”，是指因运煤、输电度电成本差对运煤、输电方案决策的影响在可接受范围内，而对运煤、输电方案都可采用的距离范围。

运煤、输电可用范围是指运煤、输电实际可使用的距离范围。

计算结果表明，共用距离的引入，使得运煤方案和输电方案的可用范围较有利范围均有所增大，但输电方案由于经济距离的限制，运煤方案的适用性要明显强于输电方案，凡输电可用范围以外的运输需求都可以选用运煤方案。

环境影响与可靠性分析

本研究从能源消耗、线路建设及运营期、占地面积、碳排放与 $PM_{2.5}$ 环境治理成本、水资源和对社会经济的影响等方面对运煤方案和输电方案进行分析，二者各有利弊，应根据具体工程情况具体分析。

本研究从抵御自然灾害能力和安全性等方面对运煤方案与输电方案的可靠性进行比较分析。认为运煤方案抵御自然灾害能力优于输电方案；运煤输电两种能源输送方式的安全性都是可以接受的，但运煤方案的安全性较输电方案更高一些。

结　　论

就总体而言，运煤与输电缺一不可，应协同发展；就每个项目而言，要具体问题具体分析，即应运用本研究提供的方法，对运煤方案和输电方案各自优势进行比较，在此基础上，因地制宜选取合适的方案。

第一章　概　　述

一、研究背景

2012年课题组向工程院申请“运煤输电对比研究”项目，并获得了批准(项目编号:2012-XY-1)。

我国是煤炭生产大国，2013年我国能源产量中，煤炭占76.6%。我国煤炭消费的一半以上用来发电，沿海地区和南方地区集中了三分之二以上的电力需求，而煤炭资源又集中分布在山西、陕西和内蒙古西部(即“三西”地区)、新疆等地，因此煤炭能源输送是个突出问题。

随着我国经济的发展，经济发达地区能源需求大幅增加，决定了煤炭能源大规模跨区域长途调配难以避免，到底采用怎样的输送方式更为合理呢?

从技术上分析，西部的煤炭能源从煤矿到东部终端电力用户之间的运输，既可以选择通过铁路、公路、水路等运输方式运到东部地区的燃煤电厂，发电后再通过电网输送到终端电力用户的方式;也可以选择在煤炭基地建设坑口电站就地发电，然后通过电网将电能远距离输送到东部地区的方式。从这个意义上说，输电也是能源运输的一种方式。因此煤炭能源输送途径主要有以下两种:

第一，通过铁路、公路、水路运煤，保障电力需求地区的燃煤电厂稳定发电的用煤量，即运煤方案;

第二，建设坑口电站，通过电网向大负荷地区输电，即输电方案。

运煤或输电方式选择的基本出发点是综合考虑成本、安全、环境等各方面因素。

二、我国运煤输电现状

(一) 运煤现状

目前,我国煤炭生产与消费分布不平衡的状况,决定了西煤东运、北煤南运的煤炭运输总体格局,以及以“三西”地区(含宁夏东部)等煤炭基地为核心,向东、向南呈扇形分布的运输网络结构。我国煤炭运输总体格局如图 1-1 所示。

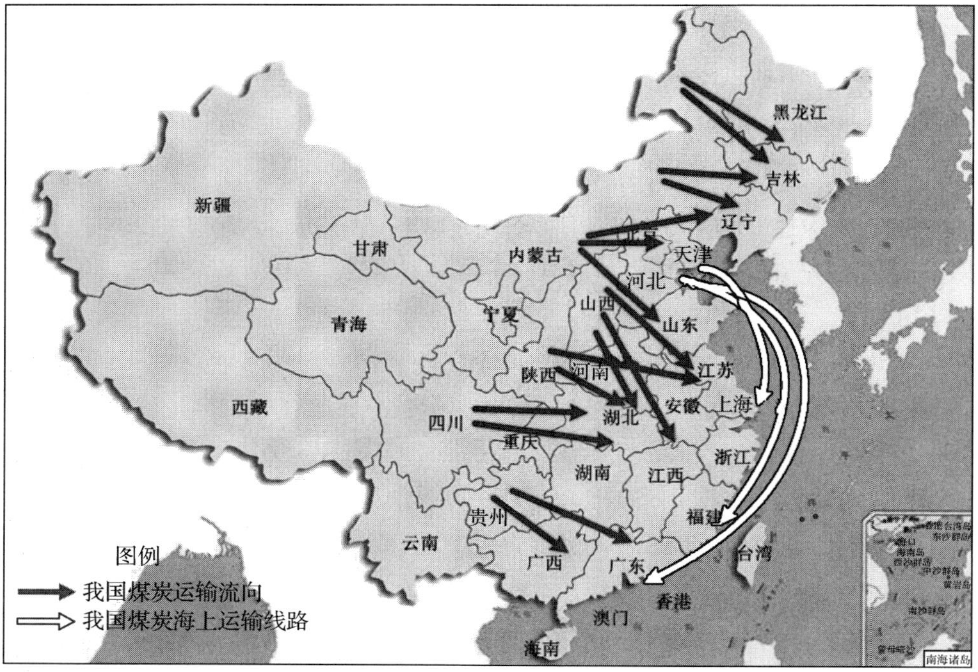

图 1-1　我国煤炭运输总体格局

我国煤炭运输以铁路为主,以水路和公路为辅,还采用几种方式联合运输。

铁路是我国最主要的煤炭运输方式,煤炭也一直是铁路运输的最主要的货种。据统计,2004 年以来,全国铁路煤炭运量年均增长 13.5%,2013 年达到 22.56 亿 t。铁路煤炭运输量占铁路货运总量的比例从2000年的43.6%上升到2012年的55%。从“三西”地区出发已形成了全国规模最大、最密集的铁路煤炭外运大通道，由大秦线等12条铁路组成，根据线路地理位置分为北、中、南三大通道。其中，北通路包括集通、大秦、丰沙大、京原和朔黄5条铁路；中通路包括石太和邯长2条铁路；南通路包括侯月、陇海、太焦、宁西和西康5条铁路。据统计，2012年通过“三西”煤炭外运通道调运的煤炭占全国铁路煤炭发送量的46%。由于多年来铁路建设快速推进，运能增加，未来铁路运煤能力是有保障的。

沿海水路运输是我国东南沿海地区煤炭运输的重要方式。内河水路运输，即长江、京杭运河、淮河、珠江等内河流域煤炭运输，也是重要的运输方式。

公路运输可以为铁路、水路煤运提供集疏运服务，是省际煤炭调运的重要补充。前几年，在铁路运力紧张的状况下，公路不得已承担了大量省际煤炭运输需求。但是，随着铁路建设的加快和煤炭需求增长的放缓，公路运煤量明显下降。

（二）输电现状

随着我国电网建设步伐的不断加快，电网技术不断取得突破，电网规模持续快速扩大，输电电压等级不断提高。输电电压一般分为高压、超高压和特高压。目前，对我国绝大多数电网来说，超高压电网一般指的是330kV、500kV和750kV电网；特高压输电一般指的是1000kV交流和±800kV、±1100kV直流输电工程和技术。

目前我国电网形成了220kV、330kV、500kV、750kV、1000kV交流和±500kV、±660kV、±800kV直流标准输电电压序列，正在研究±1100kV直流输电电压等级。

我国电网主要由华北、东北、西北、华东、华中和南方六大区域电网组成，除西北电网以750kV、330kV为骨干主网架外，其他5大区域电网均以500kV电网为骨干网架。区域电网之间除华北和华中电网通过晋东南—荆门1000kV特高压交流工程连接组成同步电网外，其余主要通过直流线路和直流背靠背工程连接组成异步电网。由于我国能源资源和用电需求呈逆向分布，电力输送主要呈现西电东送的整体格局。

近几年，跨区输电量大幅增加，电网在更大范围内优化资源配置的作用越来越显著，但要采取输电方式解决煤炭能源输送问题，就必须建设长距离大容量输电工程。早期我国电力输送一般采用220kV、330kV或500kV输电方案，当前，500kV以下电压等级的输电方式在传输长度、传输容量等方面，都难以胜任我国长距离输电要求，特高压输电是长距离能源输送方式的可行选择[1]。

经过多年研究和实践，我国电网技术水平大大提高。相继建成1000kV特高压交流试验示范工程及扩建工程，±800kV特高压直流示范工程，掌握了特高压交直流输变电及其装备制造的核心技术，具备了开展大规模应用的条件。特高压输电技术的发展为能源的大规模远距离输送提供了一种安全、稳定、经济、清洁的全新途径。采用特高压输电技术将“三西”地区的煤炭就地转化成电力后输送到东中部地区，有利于实现能源在全国范围内的优化配置。

三、研究现状

能源输送方案的对比分析是制定能源产业政策的基本问题之一。世界上主要富煤国家在制定能源产业政策与规划时，均开展了相关研究工作[2,3]。新中国成立后，我国多次进行能源输送方案的对比分析的研究工作。由于不同时期经济体制不同，相应的技术水平、外部条件也有差异，所以，在研究方法与结论上也存在差异。

20世纪50年代，我国就已着手论证在大同建设电厂送电到北京等项目。到七八十年代，为编制华北煤炭基地的电厂规划开展了准格尔建电厂送电到辽宁等多项输煤与输电经济性的比较工作[4]。这些工作主要采用年费用比较法进行输煤与输电的经济性分析，其基本思路是：在假设输送相同能源（电量）的前提下，分别计算铁路运煤方案与新建输变电工程方案年费用，并进行比较，年费用低者经济性好。根据当时的技术、经济条件，有关研究工作认为在距离较远时采用 220kV 或 500kV 输电方案代替铁路运煤是不经济的。

1994 年，原电力工业部在《关于加快坑口电厂建设的汇报提纲》中指出，由于中国地域辽阔，在电力布局规划中必须坚持“输电和输煤并举的方针”，任何单打一的做法都是难以适应我国国情的，因此在加快坑口电厂建设的同时，对于沿海及其他负荷中心，受端电厂建设也应予以充分重视。结合坑口电厂的规划工作，我国开展了从山西、内蒙古等地向京津冀地区输煤与输电的经济性等研究工作。

近年来，随着我国西部大开发战略的实施以及局部地区用电紧张情况的出现，提出了在更大范围内进行资源优化配置的需求，我国有关部门积极组织开展了相关研究工作。

2003 年，在国家电网公司组织的“全国联网补充研究”工作中，国电动力经济研究中心（现更名为经济技术研究院）采用了 500kV 交流输电价与铁路运煤综合运价进行比较的方法。其基本思路是：编制输电方案，测算输电价；参照铁路部门颁布的运输费用标准，计算与输电等价的运煤折算价格；对比输电价与输煤折算价格，确定不同煤质条件下输电与运煤等价输送距离。其研究结论是：对于发热量为 5000kcal①/kg 的煤炭，800km 以内输电更经济，如从蒙中、蒙西、陕北、山西到京津冀，从山西到华中；800km 以上运煤更经济，如陕北到华中、华东。

2005 年，国务院发展研究中心在《我国能源输送方式》研究报告中，采用基于地区煤价差的比较方法对我国煤炭输送方式的经济性问题进行了研究，其基本思路是：依据当地煤炭价格，测算煤电基地和电力负荷中心新建燃煤机组的上网电价，计算送受端上网电价差；测算不同输电距离下新建输电工程的输电价格；通过对比测算的上网电价差和输电价，确定不同煤价差下的输电经济距离[5-7]。

随着特高压输电技术的成熟，2012 年，中国工程院在“先进输电技术及对煤炭清洁高效利用的影响研究”课题子课题三“输煤输电比较研究”的报告中提出，通过输煤、输电实现跨区域、大规模、远距离能源输

---

① 1kcal=4185.85J。

送的格局将长期存在。课题采用比较成本加基准收益的方法，测算输煤输电单位兆瓦时的受端成本电价，以新疆、宁东煤炭外运的实际工程项目为研究对象，得出在一定条件下，直流特高压输电和输煤方式存在一个临界距离 1808km。当输电距离小于 1808km 时，输电方式每度电的成本较低；当输电距离大于 1808km 时，输煤方式每度电的成本较低[8]。

尽管不同时期开展了关于运煤与输电技术经济比较的研究，但仍必要作进一步的深化研究，其原因是：

（1）既有研究的理论与方法有待进一步深化。

（2）既有研究使用的基础数据无法避免要依托实际工程项目，而不同项目背景条件各有不同。近年来，由于运价与电价水平及相关费用不断调整，运煤与输电技术经济比较相关外界条件已发生了变化，导致比选结论的普适性不强。

（3）运煤、输电技术升级较快。早期研究中，一般采用 220kV 或 500kV 输电方案，近期我国特高压交流试验示范工程、特高压直流示范工程均已投运。随着电网技术升级，输电经济性提高，输电经济距离大大延长。与此同时，由于发展重载技术，铁路运煤专线输送能力也有很大提高。

（4）随着经济的发展，全社会对能源的需求不断增加，人们的环保意识不断增强，运煤和输电比较的约束条件也发生了变化。

四、相关概念

运煤：通过某种运输方式或几种运输方式的联合运输将煤炭从煤炭基地运输至负荷中心，建设燃煤电厂，提供受端地区电力需求的整个系统。

输电：在煤炭基地建设坑口电厂，所产电能通过输电工程输送到负荷中心，提供受端地区电力需要的整个系统。

度电成本：是指发电项目单位上网电量所发生的成本，包括固定资产折旧、项目运行成本、维护成本、财务费用、税金等。

送端：运煤或输电的起始点，如送端电厂是指在煤炭基地配套建设的燃煤发电厂。

受端：运煤或输电的落地点，如受端电厂是指在负荷中心配套建设的燃煤发电厂。

变电站：是指在交流输电系统中，为了把发电厂发出的电能输送到较远的地方，必须把电压升高，变为高压电，以降低线损；到用户附近再按需要把电压降低，即为完成交流电电压的升降而建立的站点。

换流站：是指在直流输电系统中，为了将交流电变换为直流电或者将直流电变换为交流电而建立的站点。

标准煤：简称“标煤”，指低位发热量为 7000kcal/kg 的煤炭。

运煤输电临界距离：运煤和输电两种方式成本平衡点对应的距离，即小于这一距离对运煤（输电）有利，大于这一距离对输电（运煤）有利。

五、运煤输电方案流程

本书主要研究中长距离的能源输送问题。因此，运煤和输电方案具有跨区域、高投资、多约束、规模大的特点，涉及多个领域，需要分析的要素比较多，需要对所评估的方案进行明确清晰的界定。

（一）运煤方案

运煤方案是指将煤炭通过不同运输方式从煤炭基地运输至负荷中心，并在负荷中心建设发电厂，以满足受端地区电力需求的方案。

对于运煤方案，煤炭的运输方式主要包括铁路运输、公路运输、水路运输以及三种运输方式的联合运输。由于实际中可采取多种煤炭运输方案，使得煤炭运输环节形式多样。运煤方案的细化流程可用图 1-2 描述。

铁路、公路、水路及其联运形式，都可以运煤。公路运输受其运输成本高、能耗量大、对环境污染相对较重的制约，曾经采用的长距离公路运煤是铁路运能紧张情况下的无奈之举，在铁路运输供给有充分保证的情况下，不宜将公路运输再作为一种单独的运煤方式采用。水路

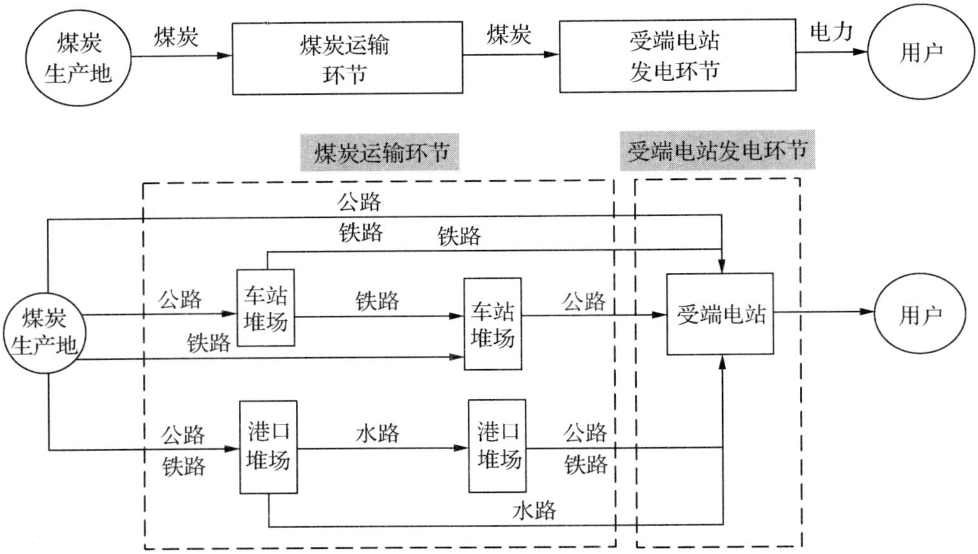

图 1-2　运煤方案示意图

运输是一种运输成本低的绿色运输方式，也是电煤运输一种优选方案，然而，受自然条件的限制，水路运输在我国不可能成为一种可以单独使用的电煤运输方式，而只能与铁路开展联运参与电煤运输。

本书主要研究新开采煤矿的能源中长距离输送问题。我国煤炭基地和新探明的煤炭资源处于中西部内陆地区。由于环境容量的限制，今后东部沿海地区新建燃煤电厂的可能性较小，即燃煤电厂大多将建设在中西部地区。考虑到东部沿海各省市水路运输条件较好，而中西部地区水路运输条件较差，加之将来铁路运力较为充裕，因而本书只将铁路作为煤炭能源的运输方式，而未考虑其他运输方式。

本书中铁路运煤方案（简称运煤方案）是指将煤炭通过铁路从煤炭基地运输至负荷中心，并在负荷中心建设发电厂，以满足受端地区电力需求的方案。为了简化分析，在书中，运煤方式特指“铁路直达运煤方式”，即铁路采用直达运输方式将煤炭运至受端地区。铁路运煤方案示意图如图 1-3 所示。这一方案的投资涉及铁路通道投资及受端发电厂投资。铁路运煤方式主要包括既有线运煤、新建普通双线运煤和运煤专线三种。

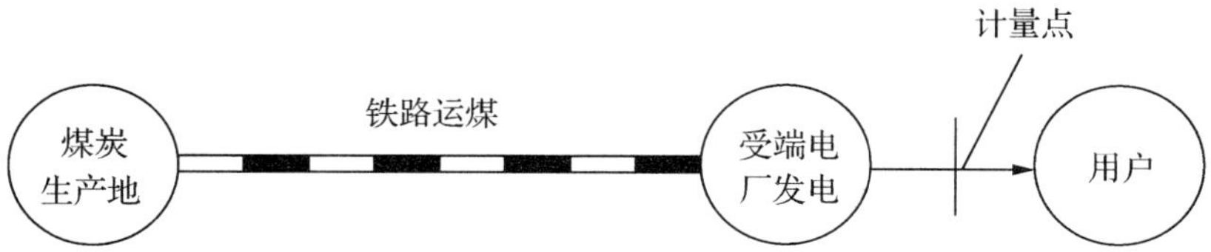

图 1-3 铁路运煤方案示意图

（二）输电方案

输电方案是指煤炭经煤炭生产地产出，经过坑口电站发电，将煤炭立即转化为电力，根据实际情况，选择不同的电力输送方案，将电力输送至用户（见图 1-4）。

在实际案例中可采取高压输电、超高压输电、特高压输电等方式。输电方案的细化流程可用图 1-4 描述。

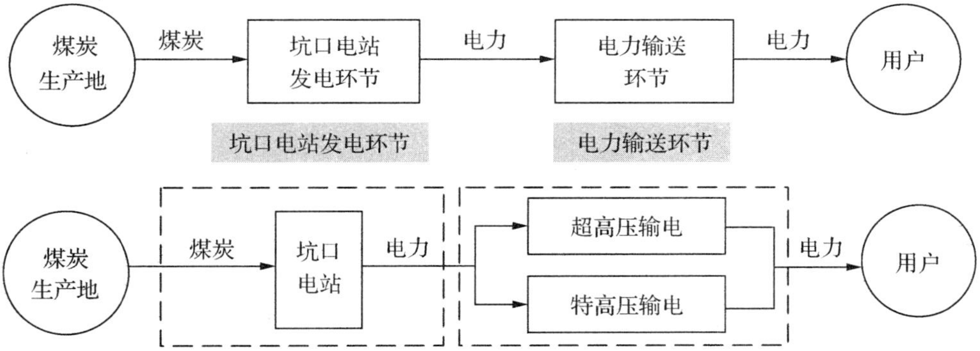

图 1-4 输电方案示意图

由于本书主要研究能源的中长距离输送，因此在输电方案中只考虑 500kV 和 1000kV 交流输电方式以及±800kV 直流输电方式。

本书中的输电方案是指在煤炭基地建设电厂（坑口电厂），选择交流超高压、特高压或直流特高压的电力输送方式将电能通过输电网络输送到负荷中心，以满足受端地区电力需求的方案。所研究的输电方案示意图如图 1-5 所示，这一方案涉及坑口发电厂投资、输电线路投资以及相关设备投资。

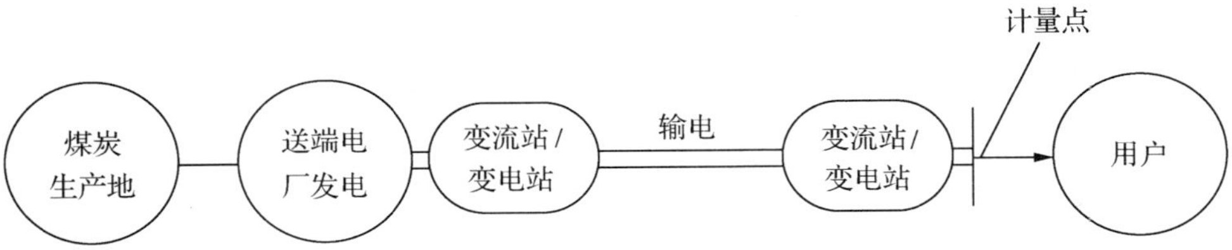

图 1-5　输电方案示意图

六、研究内容

本书试图在我国能源资源分布和经济布局的背景下，分别从经济性、可靠性和环境影响等方面，对运煤方案与输电方案进行定性和定量的比较分析，论证运煤和输电的合理经济距离，对我国能源输送方式的选择提供理论支撑和实例论证。

本书的主要内容如下：

(1) 立足于运煤方案和输电方案的建设和生产环节，对运煤方案和输电方案的经济成本进行分析。

(2) 基于能源的中长距离输送，确定运煤输电比较组合方案，并对有关方案的度电成本进行计算。

(3) 基于运煤方案和输电方案的度电成本，研究运煤输电的临界距离，分析煤种发热量、输电线造价、输电运维费用、铁路造价、铁路运营成本对运煤输电临界距离的影响。

(4) 分析比较运煤方案和输电方案对生态环境的影响。

(5) 从抵御自然灾害、安全性和故障率等方面对运煤方案与输电方案的可靠性进行比较分析。

第二章　运煤输电度电成本计算模型

本书基于相同送端起始点和受端落地点，以受端落地点的成本电价为目标值，以当前技术经济基础数据和特定工程边界条件为依据，对中长距离大规模能源输送的两种方式——运煤和输电进行综合比较研究。本章主要对运煤方案和输电方案的成本进行分析，进而分别建立其度电成本计算模型。

一、运煤输电方案比较的核心指标

如前所述，本书在经济性比较部分只针对铁路运煤和电网输电两种方案进行分析比较。

在比较过程中，根据运煤方案和输电方案的成本构成，度电成本首先考虑购煤成本、营业支出。鉴于环境、可靠性对运煤输电决策日趋重要，在对环境影响与可靠性进行专项分析的基础上，度电成本计算中也将环境成本与可靠性成本纳入其中，因此运煤或输电的度电成本由购煤成本、发电及运煤或输电过程的营业支出、环境成本和可靠性成本5部分组成，如式(2-1)所示：

$$C_0 = C_{01} + C_{02} + C_{03} + C_{04} + C_{05} \tag{2-1}$$

式中：C_0 —运煤或输电度电成本，元/(kW·h)；

C_{01} —度电购煤成本，元/(kW·h)；

C_{02} —运煤或输电度电营业支出，元/(kW·h)；

C_{03} —坑口或受端电厂度电营业支出，元/(kW·h)；

C_{04} —度电环境成本，元/(kW·h)；

C_{05} —度电可靠性成本，元/(kW·h)。

二、铁路运煤方案度电成本

根据发电需要运煤量的大小，铁路运煤可以分为新建普通双线铁路运煤、新建运煤专线运煤和利用既有线运煤三种方案，其中前两种方案统称为新建方案。

目前我国运煤专线年运输能力已达2亿t以上，用以连接厂矿企业和港口，实现大运量的煤炭运输。而相比之下，有些电厂的用煤量较小，利用新建普通双线铁路或既有线运输也可满足发电用煤的要求。

（一）运煤方案度电成本构成

运煤方案度电成本包括度电购煤成本、铁路运输度电营业支出、受端电厂度电营业支出、度电环境成本和度电可靠性成本五项，可按下式计算：

$$C_1 = C_{11} + C_{12} + C_{13} + C_{14} + C_{15} \tag{2-2}$$

式中：C_1 —运煤方案度电成本，元/(kW·h)；

C_{11} —度电购煤成本，元/(kW·h)；

C_{12} —铁路运输度电营业支出，元/(kW·h)；

C_{13} —受端电厂度电营业支出，元/(kW·h)；

C_{14} —度电环境成本，元/(kW·h)；

C_{15} —度电可靠性成本，元/(kW·h)。

（二）运煤方案度电成本分项计算模型

1. 度电购煤成本计算模型

度电购煤成本按下式计算：

$$C_{11} = e_{11} \cdot \frac{F_i}{F_{标}} \cdot A_1 \tag{2-3}$$

式中：e_{11} —煤炭产地标煤售价，元/t；

F_i —所运煤种 i 的发热量，大卡①；

① 1大卡＝1kcal/kg。

$F_{标}$—标准煤发热量，大卡；

A_1—受端电网接收 1 度电，受端电厂对煤种 i 的购煤量，t/(kW·h)。

A_1 可按式(2-4)计算：

$$A_1 = \frac{F_{标} \cdot \gamma_{电}^{运煤}}{(1-\beta_1)\cdot F_i} \tag{2-4}$$

式中：β_1—运煤损耗率；

$\gamma_{电}^{运煤}$—受端电厂度电标煤消耗量，t/(kW·h)。

将式(2-4)代入式(2-3)，可得 C_{11} 的计算公式：

$$C_{11} = \frac{e_{11} \cdot \gamma_{电}^{运煤}}{1-\beta_1} \tag{2-5}$$

2. 铁路运输度电营业支出计算模型

铁路运输度电营业支出包括铁路运输运营成本、铁路固定资产投资折旧成本和财务成本，按下式计算：

$$C_{12} = C_{121} + C_{122} + C_{123} \tag{2-6}$$

式中：C_{121}—铁路运输运营成本（含营业税、城市维护建设税、教育费附加等营业外净支出），元/(kW·h)；

C_{122}—铁路固定资产投资折旧成本，元/(kW·h)；

C_{123}—财务成本，元/(kW·h)。

1）新建线路度电营业支出

(1) 铁路运输运营成本。铁路运输运营成本按式(2-7)计算：

$$C_{121} = (e_{121} \cdot L_{运煤} + e_{121固}) \cdot A_1 \tag{2-7}$$

式中：e_{121}—铁路运输与运距有关的运营成本，元/(t·km)；

$L_{运煤}$—铁路运输距离，km；

$e_{121固}$—铁路运输与运距无关的运营成本，元/t。

将式(2-4)代入式(2-7)，则 C_{121} 可表示为

$$C_{121} = \frac{\gamma_{电}^{运煤} \cdot F_{标} \cdot (e_{121} \cdot L_{运煤} + e_{121固})}{F_i \cdot (1-\beta_1)} \tag{2-8}$$

(2) 铁路固定资产投资折旧成本。铁路固定资产投资包括土建工程投资和机车车辆购置费。其中，土建工程投资包括沿线土建工程投

资和大型编组站工程投资。沿线土建工程投资与运输距离有关,而大型编组站工程投资与运输距离相关性较低,可以认为是土建工程投资的固定部分。因此,铁路固定资产投资折旧成本可按下式计算:

$$C_{122}=\frac{e_{122}\cdot L_{运煤}\cdot \lambda_{铁}\cdot \alpha}{\omega_1\cdot n_1}+\frac{E_{铁固}\cdot \alpha}{\omega_1\cdot n_1}=\frac{(e_{122}\cdot L_{运煤}\cdot \lambda_{铁}+E_{铁固})\cdot \alpha}{\omega_1\cdot n_1} \tag{2-9}$$

式中:e_{122}—每千米铁路造价,万元/km;

α—运煤能力比数;

$\lambda_{铁}$—铁路固定资产投资中,沿线土建工程投资的比重,对普通双线铁路,一般取 0.9;

n_1—铁路建设工程投资回收期,年;

$E_{铁固}$—土建工程投资的固定部分和机车车辆购置费,对普通双线铁路,一般取总造价的 10%,万元;

ω_1—年发电量,万 kW·h/年。

ω_1 按下式计算:

$$\omega_1=\frac{Q_{运煤}}{A_1} \tag{2-10}$$

式中:$Q_{运煤}$—铁路年运煤量,万 t/年。

分析计算时,假设所运煤炭均用于发电。

将式(2-4)、式(2-10)代入式(2-9)中,则 C_{122} 可表示为

$$C_{122}=\frac{\alpha\cdot F_{标}\cdot \gamma_{电}^{运煤}\cdot (e_{122}\cdot L_{运煤}\cdot \lambda_{铁}+E_{铁固})}{Q_{运煤}\cdot (1-\beta_1)\cdot F_i\cdot n_1} \tag{2-11}$$

③ 财务成本。财务成本包括运营期间固定资产的长期贷款和流动资金贷款的利息等费用。还本付息的方式很多。实际上,铁路或者输电线路建设项目投入运营后,都有一个运量(输电量)增长的过程。具体需要结合工程项目的实际运营情况,与金融机构协商确定还本付息的方式。为简化计算,以下采用等额还款付息的方式做利息的计算(暂不考虑流动资金贷款利息)。财务成本可按下式计算:

$$C_{123}=\frac{(e_{122}\cdot L_{运煤}\cdot \lambda_{铁}+E_{铁固})\cdot \alpha\cdot i_1(1-q_1)}{\omega_1} \tag{2-12}$$

式中：q_1 —铁路建设资本金比重，分析计算中取 50%；

i_1 —铁路建设贷款利率，分析计算中取 7.24%。

将式(2-4)、式(2-10)代入式(2-12)，则 C_{123} 可表示为

$$C_{123}=\frac{(e_{122}\cdot L_{运煤}\cdot \lambda_{铁}+E_{铁固})\cdot \alpha(1-q_1)i_1\cdot F_{标}\cdot \gamma_{电}^{运煤}}{Q_{运煤}\cdot(1-\beta_1)\cdot F_i} \tag{2-13}$$

2）既有线路度电营业支出

就既有线而言，折旧成本和财务成本数据较难获得。因此，在铁路运价水平较低，利润较低的条件下，其营业支出与运费相差不大。此时，铁路度电营业支出可按下式计算：

$$C_{12}=e_{12固}\cdot A_1+e_{12变}\cdot A_1\cdot L_{运煤} \tag{2-14}$$

式中：$e_{12固}$ —铁路运价固定部分，元/t；

$e_{12变}$ —铁路运价可变部分，元/(t · km)。

在分析计算中，$e_{12固}$ 按 4 号运价基价 1 取值，$e_{12变}$ 按 4 号运价基价 2 与铁路建设基金费率、电气化附加费率之和取值。

将式(2-4)代入式(2-14)，则 C_{12} 可表示为

$$C_{12}=\frac{F_{标}\cdot \gamma_{电}^{运煤}\cdot(e_{12固}+e_{12变}\cdot L_{运煤})}{(1-\beta_1)\cdot F_i} \tag{2-15}$$

3. 受端电厂度电营业支出计算模型

受端电厂度电营业支出包括度电运维费用(含财务费用等)和电厂建设投资折旧成本两部分，因而有

$$C_{13}=C_{131}+C_{132} \tag{2-16}$$

式中：C_{131} —度电运维费用，元/(kW · h)；

C_{132} —电厂建设投资折旧成本，元/(kW · h)。

1）度电运维费用

度电运维费用按下式计算：

$$C_{131}=e_{131} \tag{2-17}$$

式中：e_{131} —受端电厂度电运维费用，元/(kW · h)。

2）电厂建设投资折旧成本

$$C_{132}=\frac{G_1\cdot e_{132}}{G_1\cdot t_{电}\cdot n_2}=\frac{e_{132}}{t_{电}\cdot n_2} \tag{2-18}$$

式中：G_1 —受端电厂机组容量，kW；

e_{132} —机组单位容量造价，元/kW；

$t_{电}$—年发电小时，小时/年；

n_2 —电厂建设投资回收期，年。

4. 度电环境成本计算模型

度电环境成本按下式计算：

$$C_{14}=e_{14} \tag{2-19}$$

式中：e_{14} —受端电厂发电污染环境成本，元/(kW·h)。

5. 度电可靠性成本

度电可靠性成本可按下式计算：

$$C_{15}=e_{15} \tag{2-20}$$

式中：e_{15} —度电可靠性成本，元/(kW·h)。

（三）运煤方案度电成本计算模型

由式(2-5)、式(2-8)、式(2-11)、式(2-13)、式(2-15)、式(2-17)～式(2-20)可得运煤方案度电成本计算模型。

1）新建线路运煤方案度电成本计算模型

$$C_1=\frac{\gamma_{电}^{运煤}}{1-\beta_1}\left\{e_{11}+\frac{F_{标}}{F_i}\left[e_{121}\cdot L_{运煤}+e_{121固}+\frac{(e_{122}\cdot L_{运煤}\cdot\lambda_{铁}+E_{铁固})\cdot\alpha}{Q_{运煤}}\cdot\left(\frac{1}{n_1}+(1-q_1)\cdot i_1\right)\right]\right\}+e_{131}+\frac{e_{132}}{t_{电}\cdot n_2}+e_{14}+e_{15} \tag{2-21}$$

2）既有线路运煤方案度电成本计算模型

$$C_1=\frac{\gamma_{电}^{运煤}}{1-\beta_1}\left[e_{11}+\frac{F_{标}}{F_i}(e_{12固}+e_{12变}\cdot L_{运煤})\right]+e_{131}+\frac{e_{132}}{t_{电}\cdot n_2}+e_{14}+e_{15} \tag{2-22}$$

对于式(2-21)，若令 $a=\dfrac{\alpha}{Q_{运煤}}$，则新建线路运煤方案度电成本计算模型可表示为

$$C_1=\frac{\gamma_{电}^{运煤}}{1-\beta_1}\left\{e_{11}+\frac{F_{标}}{F_i}\left[e_{121}\cdot L_{运煤}+e_{121固}+(e_{122}\cdot L_{运煤}\cdot\lambda_{铁}+E_{铁固})\cdot a\cdot\left(\frac{1}{n_1}+(1-q_1)\cdot i_1\right)\right]\right\}+e_{131}+\frac{e_{132}}{t_{电}\cdot n_2}+e_{14}+e_{15}\quad(2\text{-}23)$$

三、输电方案度电成本

（一）输电方案度电成本构成

输电方案度电成本包括度电购煤成本、输电营业支出、坑口电厂度电营业支出、度电环境成本以及度电可靠性成本五部分，可按下式计算：

$$C_2=C_{21}+C_{22}+C_{23}+C_{24}+C_{25}\quad(2\text{-}24)$$

式中：C_2 —输电方案度电成本，元/(kW · h)；

C_{21} —度电购煤成本，元/(kW · h)；

C_{22} —输电营业支出，元/(kW · h)；

C_{23} —坑口电厂度电营业支出，元/(kW · h)；

C_{24} —度电环境成本，元/(kW · h)；

C_{25} —度电可靠性成本，元/(kW · h)。

（二）输电方案度电成本分项计算模型

1. 度电购煤成本计算模型

度电购煤成本按下式计算：

$$C_{21}=e_{21}\cdot\frac{F_i}{F_{标}}\cdot A_2\quad(2\text{-}25)$$

式中：e_{21} —煤炭产地标煤售价，元/t；

A_2 —受端电网接收 1 度电，坑口电厂煤种 i 的消耗量，t/(kW·h)。

A_2 按照下式计算：

$$A_2 = \frac{\gamma_{电}^{输电} \cdot B \cdot F_{标}}{F_i} \tag{2-26}$$

式中：$\gamma_{电}^{输电}$ —坑口电厂度电标煤消耗量，t/(kW · h)；

B —受端接收 1 度电，坑口电厂发电量，按下式计算：

$$B = \frac{1}{1 - \beta_2} \tag{2-27}$$

式中：β_2 —输电损耗；按式(2-28)计算：

$$\beta_2 = \beta_3 + \beta_4 \cdot L_{输电} \tag{2-28}$$

式中：β_3 —两端换流站(或变电站)损耗，%；

β_4 —线路损耗，%/km；

$L_{输电}$ —电力输送距离，km。

将式(2-26)～式(2-28)代入式(2-25)中，则 C_{21} 可表示为

$$C_{21} = \frac{e_{21} \cdot \gamma_{电}^{输电}}{1 - (\beta_3 + \beta_4 \cdot L_{输电})} \tag{2-29}$$

2. 输电营业支出计算模型

输电营业支出包括输电运维费用(含财务费用等)和输电工程基本建设投资折旧成本两部分。基本建设投资折旧成本又可分为输电线路工程投资折旧成本和换流站或变电站投资折旧成本两类。因而有

$$C_{22} = C_{221} + C_{222} + C_{223} \tag{2-30}$$

式中：C_{221} —输电运维费用，元/(kW · h)；

C_{222} —输电线路工程投资折旧成本，元/(kW · h)；

C_{223} —换流站或变电站工程投资折旧成本，元/(kW · h)。

1) 输电运维费用

设年输电运维费用占工程总投资的比例为 $\lambda_{运}$，因而有

$$C_{221} = \frac{\lambda_{运} \cdot E_{输电总}}{\omega_2} \tag{2-31}$$

式中：$E_{输电总}$ —输电工程总投资，万元；

ω_2 —年发电量，万 kW · h/年；按下式计算：

$$\omega_2 = \frac{Q_{耗煤}}{A_2} \tag{2-32}$$

式中：$Q_{耗煤}$ —年耗煤量，万 t/年。

输电工程总投资包括输电线路工程投资 $E_{线路}$ 和换流站或变电站工程投资 $E_{变流}$ 两部分，即

$$E_{输电总} = E_{线路} + E_{变流} \tag{2-33}$$

输电线路工程投资可按下式计算：

$$E_{线路} = e_{222} \cdot L_{输电} \tag{2-34}$$

式中：e_{222} —输电线路每千米造价，万元/km。

因而，C_{221} 可按下式计算：

$$C_{221} = \frac{\lambda_{运} \cdot [E_{变流} + e_{222} \cdot L_{输电}]}{\omega_2} \tag{2-35}$$

将式(2-26)～式(2-28)、式(2-32)代入式(2-35)，则 C_{221} 可表示为

$$C_{221} = \frac{\lambda_{运} \cdot \gamma_{电}^{输电} \cdot F_{标} \cdot [E_{变流} + e_{222} \cdot L_{输电}]}{Q_{耗煤} \cdot F_i \cdot [1-(\beta_3 + \beta_4 \cdot L_{输电})]} \tag{2-36}$$

2) 输电线路工程投资折旧成本

输电线路工程投资折旧成本可按下式计算：

$$C_{222} = \frac{e_{222} \cdot L_{输电}}{\omega_2 \cdot n_2} \tag{2-37}$$

式中：n_2 —电厂建设投资回收期，年。

将式(2-26)～式(2-28)、式(2-32)代入式(2-37)，则 C_{222} 可表示为

$$C_{222} = \frac{e_{222} \cdot L_{输电} \cdot \gamma_{电}^{输电} \cdot F_{标}}{Q_{耗煤} \cdot F_i \cdot [1-(\beta_3 + \beta_4 \cdot L_{输电})] \cdot n_2} \tag{2-38}$$

3) 换流站或变电站投资折旧成本

与 C_{222} 的计算方法相似，换流站或变电站投资成本 C_{223} 按下式计算：

$$C_{223} = \frac{E_{变流}}{\omega_2 \cdot n_2} \tag{2-39}$$

将式(2-26)～式(2-28)、式(2-32)代入式(2-39)，则 C_{223} 可表示为

$$C_{223} = \frac{E_{变流} \cdot \gamma_{电}^{输电} \cdot F_{标}}{Q_{耗煤} \cdot F_i \cdot [1-(\beta_3 + \beta_4 \cdot L_{输电})] \cdot n_2} \tag{2-40}$$

3. 坑口电厂度电营业支出计算模型

坑口电厂度电营业支出包括度电运维费用(含财务成本)和电厂建设投资折旧成本两部分,因而有

$$C_{23}=C_{231}+C_{232} \tag{2-41}$$

式中:C_{231}—度电运维费用,元/(kW·h);

C_{232}—电厂建设投资折旧成本,元/(kW·h)。

1) 度电运维费用

度电运维费用按式(2-42)计算:

$$C_{231}=e_{231}\cdot B \tag{2-42}$$

式中:e_{231}—坑口电厂度电运维费用,元/(kW·h)。

将式(2-27)、式(2-28)代入式(2-42),则C_{231}可表示为

$$C_{231}=\frac{e_{231}}{1-(\beta_3+\beta_4\cdot L_{输电})} \tag{2-43}$$

2) 电厂建设投资折旧成本

由于度电运维费用已包括财务费用,故电厂建设投资折旧成本可按下式计算:

$$C_{232}=\frac{G_2\cdot e_{232}\cdot B}{G_2\cdot t_{电}\cdot n_2}=\frac{e_{232}\cdot B}{t_{电}\cdot n_2} \tag{2-44}$$

式中:G_2—坑口电厂机组容量,kW;

e_{232}—机组单位容量造价,元/kW。

将式(2-27)、式(2-28)代入式(2-44),则C_{232}可表示为

$$C_{232}=\frac{e_{232}}{t_{电}\cdot[1-(\beta_3+\beta_4\cdot L_{输电})]\cdot n_2} \tag{2-45}$$

4. 度电环境成本计算模型

度电环境成本按下式计算:

$$C_{24}=e_{24}\cdot B \tag{2-46}$$

式中:e_{24}—坑口电厂发电污染环境成本,元/(kW·h)。

将式(2-27)、式(2-28)代入式(2-46),则C_{24}可表示为

$$C_{24}=\frac{e_{24}}{1-(\beta_3+\beta_4\cdot L_{输电})} \tag{2-47}$$

5．度电可靠性成本计算模型

度电可靠性成本可按下式计算：

$$C_{25}=e_{25}\cdot B \tag{2-48}$$

式中：e_{25} —度电可靠性成本，元/(kW·h)。

将式(2-27)、式(2-28)代入式(2-48)中，则 C_{26} 可表示为

$$C_{25}=\frac{e_{25}}{1-(\beta_3+\beta_4\cdot L_{输电})} \tag{2-49}$$

（三）输电方案度电成本计算模型

由式(2-29)、式(2-36)、式(2-38)、式(2-40)、式(2-41)、式(2-43)、式(2-45)、式(2-47)以及式(2-49)，可得输电方案度电成本计算模型如下：

$$\begin{aligned}C_2=&\frac{(e_{222}\cdot L_{输电}+E_{变流})\cdot\gamma_{电}^{输电}\cdot F_{标}}{Q_{耗煤}\cdot F_i[1-(\beta_3+\beta_4\cdot L_{输电})]}\left(\frac{1}{n_2}+\lambda_{运}\right)\\&+\frac{1}{1-(\beta_3+\beta_4\cdot L_{输电})}\left(e_{21}\cdot\gamma_{电}^{输电}+e_{231}+\frac{e_{232}}{t_{电}\cdot n_2}+e_{24}+e_{25}\right)\end{aligned} \tag{2-50}$$

第三章 运煤输电比较组合方案及其度电成本计算

一、运煤、输电比较组合方案

既有运煤、输电的比较研究多以具体工程为研究对象，即通过输电工程与铁路运煤工程的分析比较，来论证运煤工程或输电工程的有利性。应该指出，这种比较方法具有针对性强、计算简单的特点。但是，通过上述方法得到的运煤输电临界距离，只是局限于某一具体工程。

由于输电系统没有类似铁路运价的法定输电价格，考虑到运煤输电方案之间的可比性，本书主要考虑新建铁路普通双线和新建铁路运煤专线运煤的方案，并与新建输电工程方案进行比较分析。

实际上，既有铁路也承担了大量的煤炭运输工作，因此在书中将其作为补充情景。基于大部分既有铁路同时提供客货运输业务带来的联合成本、共同成本及成本的不可归依性问题，导致客货运输成本无法准确计算，也势必带来铁路货物运价与成本的偏离，会影响到既有线运煤方案与输电方案比较分析结果的准确性，但是其比较分析过程与方法对实际工作仍有一定的借鉴意义。

结合第1章的分析，本研究形成的运煤输电对比组合方案分为主方案与补充方案两部分。

主方案有：

(1) 交流500kV、容量500万kW输电方案与新建普通双线运煤方案；

(2) 交流500kV、容量900万kW输电方案与新建普通双线运煤方案；

(3) 交流1000kV、容量500万kW输电方案与新建普通双线运煤方案；

(4) 交流 1000kV、容量 900 万 kW 输电方案与新建普通双线运煤方案；

(5) 直流±800kV，容量 800 万 kW 输电方案与新建普通双线运煤方案；

(6) 直流±800kV，容量 800 万 kW 输电方案与新建运煤专线运煤方案。

补充方案有：

(1) 交流 500kV、容量 500 万 kW 输电方案与既有线运煤方案；

(2) 交流 500kV、容量 900 万 kW 输电方案与既有线运煤方案；

(3) 交流 1000kV、容量 500 万 kW 输电方案与既有线运煤方案；

(4) 交流 1000kV、容量 900 万 kW 输电方案与既有线运煤方案；

(5) 直流±800kV、容量 800 万 kW 输电方案与既有线运煤方案。

为了便于标识，以“输电方案数字标识-运煤方案数字标识”形式表示不同的运煤输电对比组合方案，输电方案和运煤方案的数字标识如表 3-1 所示。

表 3-1　运煤和输电方案数字标识表

输电方案数字标识	输电方案
1	交流 500kV、容量 500 万 kW
2	交流 500kV、容量 900 万 kW
3	交流 1000kV、容量 500 万 kW
4	交流 1000kV、容量 900 万 kW
5	直流±800kV、容量 800 万 kW
运煤方案数字标识	运煤方案
1	新建普通双线
2	新建运煤专线
3	既有线

按数字标识的对比组合方案如下。

主方案包括：

方案 1-1：电压 500kV，容量 500 万 kW 交流输电与新建双线铁路运煤对比；

方案 2-1：电压 500kV，容量 900 万 kW 交流输电与新建双线铁路运煤对比；

方案 3-1：电压 1000kV，容量 500 万 kW 交流输电与新建双线铁路运煤对比；

方案 4-1：电压 1000kV，容量 900 万 kW 交流输电与新建双线铁路运煤对比；

方案 5-1：电压±800kV，容量 800 万 kW 直流输电与新建双线铁路运煤对比；

方案 5-2：电压±800kV，容量 800 万 kW 直流输电与运煤专线运煤对比。

补充方案包括：

方案 1-3：电压 500kV，容量 500 万 kW 交流输电与利用既有线运煤对比；

方案 2-3：电压 500kV，容量 900 万 kW 交流输电与利用既有线运煤对比；

方案 3-3：电压 1000kV，容量 500 万 kW 交流输电与利用既有线运煤对比；

方案 4-3：电压 1000kV，容量 900 万 kW 交流输电与利用既有线运煤对比；

方案 5-3：电压±800kV，容量 800 万 kW 直流输电与利用既有线运煤对比。

以下阐述的内容均以主方案为研究对象，补充方案计算结果见附录 A。

需要说明的是，课题对度电成本中的环境成本与可靠性成本进行了专项研究，给出了具体的计算公式，但考虑到相关参数取值困难或无公认数据，因此，以下在度电成本计算中暂先忽略环境成本与可靠性成本。

二、比 较 数 据

(一) 工程投资数据

计算度电成本的输电工程投资数据采用电力规划部门的实用数据(见表 3-2),考虑到实际工程项目与一般性项目的投资差别,本书选取的运煤输电工程投资基础数据见表 3-3。

表 3-2　输电工程投资数据表

输电工程			$E_{变流}$ /万元	$e_{输电}$ /(万元/km)
交流输电	500kV	500 万 kW	150000	600～720
		900 万 kW	240000	1200～1500
	1000kV	500 万 kW	450000	500～800
		900 万 kW	600000	1300～1800
直流输电	±800kV	800 万 kW	1270000	550～750

注:数据来源于特高压直流投运工程实际造价、1000kV 交流投运工程实际造价和拟建工程可行性研究报告。

表 3-3　运煤输电对比计算基础数据表

工程项目	输电方案	1	2	3	4	5
	交直流	交流				直流
输电工程	电压/kV	500	500	1000	1000	±800
	容量/万 kW	500	900	500	900	800
	输电距离/km	650	650	1000	1000	2200
	变电(换流)站投资/万元	150000	240000	450000	600000	1270000
	每千米输电线投资/(万元/km)	600	1200	800	1800	750
	耗煤量/万 t	1100	1980	1078	1940	1839

续表

工程项目	输电方案	1	2	3	4	5	
	交直流	交流				直流	
运煤工程	运煤方案	1	1	1	1	1	2
	运输距离/km	722	722	1111	1111	2444	2444
	铁路每千米造价/(万元/km)	6000	6000	6000	6000	6000	7000
	铁路沿线土建工程投资的固定部分与机车车辆购置费之和/万元	433200	433200	666600	666600	1466400	1710800
	运煤量/万 t	957	1723	957	1723	1532	25000
	运煤能力比数	0.089	0.156	0.089	0.156	0.133	1

（二）运煤能力比数

根据区域经济发展的需要，在煤炭基地与海运接卸港口或者区域经济中心之间修建的铁路，可以是运煤专线，也可以是普通的双线铁路。运煤专线一般按重载铁路的技术标准修建，可以开行万吨级的重载列车，开行的列车数(即通过能力)是一定的，但列车的重量标准是可以通过列车开行方案安排的。用开行列车输送货物的总重量表示输送能力。因而，运煤专线的输送能力既与通过能力相关，也与列车开行方案相关。若用 $\sum P_{能}$ 和 $\sum P_{计}$ 分别表示运煤专线的输送能力和计划运量，则有

$$\alpha = \frac{\sum P_{计}}{\sum P_{能}} \tag{3-1}$$

式中：α —运煤专线的运煤能力比数。α 表示运煤专线输送能力中用于运煤的比重。因为运煤专线运能全部用于运煤，故一般取运煤能力比数 $\alpha=1$。

受端电厂发电所需要的煤量相对较小，可以利用既有线运煤，也可以新建普通双线铁路运煤。对于普通双线铁路，一般采用运煤专列输送煤炭，列车重量也可以达到 5000t 级。因此，当煤炭计划年运量为 $\sum P_{计}$ 时，煤炭运输所需的通过能力 $n_{计}$ 可按下式计算：

$$n_{计}=\frac{\sum P_{计}}{365\times Q_{列}\times\rho_{净}} \tag{3-2}$$

式中：$Q_{列}$—列车总重，t；

$\rho_{净}$—列车净重系数。

若双线铁路通过能力为 $n_{能}$，则有

$$\alpha=\frac{n_{计}}{n_{能}} \tag{3-3}$$

α 为普通双线铁路的运煤能力比数，其值用煤炭运输需要的通过能力与双线铁路通过能力之比表示。

因此，式(2-23)中 a 的值，对于运煤专线而言（$\alpha=1$）为

$$a=\frac{\alpha}{Q_{运煤}}=\frac{1}{Q_{运煤}} \tag{3-4}$$

对于普通双线铁路而言：

$$a=\frac{\alpha}{Q_{运煤}}=\frac{\sum P_{计}}{365\cdot Q_{列}\cdot\rho_{净}\cdot n_{能}\cdot Q_{运煤}} \tag{3-5}$$

式中，$\sum P_{计}$ 即为 $Q_{运煤}$，故有

$$a=\frac{1}{365\cdot Q_{列}\cdot\rho_{净}\cdot n_{能}} \tag{3-6}$$

在给定条件下，容量为 500 万 kW、900 万 kW 和 800 万 kW 的电厂发电所需煤炭运量分别为 957 万 t、1723 万 t 和 1532 万 t。在列车总重为 5000t，净重系数为 0.7，双线铁路通过能力为 90 列/日时，$a=8.7\times10^{-9}$。根据式(3-2)和式(3-3)，普通双线铁路运煤能力比数计算结果如表 3-4 所示。

表 3-4　运煤能力比数计算表

电厂容量	运煤量	所需通过能力 $n_{计}$	双线铁路使用通过能力 $n_{能}$	运煤能力比数
500 万 kW	957 万 t	8 列/日	90 列/日	0.089
900 万 kW	1723 万 t	14 列/日	90 列/日	0.165
800 万 kW	1532 万 t	12 列/日	90 列/日	0.133

(三) 运煤专线的有关参数

1. 运煤专线大秦线相关数据

1) 通过能力

按 V 形天窗设计，天窗时间为 264 分钟，列车运行间隔时间按 12 分钟取值，故有通过能力 n 为

$$n = \frac{1440 - 264}{12} = 98(\text{列 / 日})$$

2) 列车开行方案

2012 年 3 季度和 2013 年 1 季度列车开行方案表如表 3-5 所示。

表 3-5　大秦线列车开行方案

<table>
<tr><th rowspan="2">方案</th><th rowspan="2">列车重量
/万 t</th><th colspan="2">列车</th><th rowspan="2">列车总重
/万 t</th><th rowspan="2">净重/万 t</th><th rowspan="2">年运量
/亿 t</th></tr>
<tr><th>列车数</th><th>比重/%</th></tr>
<tr><td rowspan="5">2012 年
3 季度</td><td>2.0</td><td>65</td><td>70</td><td>130</td><td rowspan="5">132</td><td rowspan="5">4.8180</td></tr>
<tr><td>1.5</td><td>10</td><td>11</td><td>15</td></tr>
<tr><td>单元列车(1.0)</td><td>3</td><td>3</td><td>3</td></tr>
<tr><td>组合列车
(2.0=1.0×2)</td><td>15</td><td>16</td><td>30</td></tr>
<tr><td>合计</td><td>93</td><td>100</td><td>178</td></tr>
</table>

续表

方案	列车重量/万 t	列车		列车总重/万 t	净重/万 t	年运量/亿 t
		列车数	比重/%			
2013 年 1 季度	2.0	65	70	130	132	4.8180
	1.5	12	13	18		
	单元列车(1.0)	2	2	2		
	组合列车(2.0=1.0×2)	14	15	28		
	合计	93	100	178		

3）通过能力利用率

通过能力利用率（ρ）为

$$\rho=\frac{93}{98}\times 100\%\approx 95\%$$

4）列车净重系数

根据表 3-5，列车净重系数（$\rho_{净}$）为

$$\rho_{净}=\frac{132}{178}\times 100\%\approx 74\%$$

2. 运煤专线列车开行方案及其运煤能力

1）列车重量标准

采用 5000t 单元列车和万 10000t 组合列车两种重量标准。

2）通过能力

采用大秦线的计算数据，重车方向为 98 列/日。

3）通过能力利用率

大秦线通过能力利用率为 0.95，本研究采用 0.92，因而使用能力为 98×0.92=90 列/日。

4）列车净重系数

参照大秦线实际数据并考虑货车技术的发展，取 $\rho_{净}=80\%$。

5）列车开行方案

根据不同列车重量标准、列车比重，设计了五个方案（见表 3-6），由

表 3-6 可以看出，按重载运输线路标准设计修建的运煤专线，在不同的列车开行方案条件下，可以有不同的运输能力。

表 3-6 列车开行方案

方案	列车重量/万 t	列车		列车总重/万 t	净重/万 t	年运量/亿 t	α
		列车数	比重/%				
一	1	0	0	0	36	1.314	1
	0.5	90	100	45			
	合计	90	100	45			
二	1	18	20	18	43.2	1.5768	1
	0.5	72	80	36			
	合计	90	100	54			
三	1	34	38	34	49.6	1.8104	1
	0.5	56	62	28			
	合计	90	100	62			
四	1	51	57	51	56.4	2.0586	1
	0.5	39	43	19.5			
	合计	90	100	70.5			
五	1	76	84	76	66.4	2.4236	1
	0.5	14	16	7			
	合计	90	100	83			

在以下分析研究中，将分别采用年运量 1.3 亿 t、1.6 亿 t、1.8 亿 t、2.1 亿 t 和 2.5 亿 t 五种方案。应该指出，五种方案都是以具备开行 5000t 列车和 10000t 列车条件的重载线路基础设施为依托，基建投资可以按照一个标准处理。但是，由于运量不同，机车车辆的配置和相应的购置费用、维修养护费用也不同。

铁路基本建设投资包括机车车辆购置费，对运煤专线而言，这项费用约占总造价的 5%。用这些费用购置的机车车辆应满足线路运营初期的运量要求。方案一全部组织开行 5000t 列车。若以方案一为运营初期的运营方案，则方案一运煤专线每千米造价中机车车辆购置费

($e_{机}$)为

$$e_{机1} = e_{122} \cdot b_{机购} \quad (万元/km) \tag{3-7}$$

式中：$b_{机购}$ —运煤专线造价中，机车车辆购置费所占比重，一般为5%左右。

据此，运煤专线每千米造价中机车车辆购置费平分到单位运量的费用（$\Delta r_{机}$）为

$$\Delta r_{机1} = \frac{e_{122} \cdot b_{机购}}{Q_{运煤1}} \quad [万元/(亿\ t \cdot km)] \tag{3-8}$$

式中：$Q_{运煤1}$ —运营方案一运煤专线运煤量。

因而，若运营初期就采用方案二、三，由于运煤量增加，相应每千米应增加的机车车辆购置费（$\Delta e_{机2}$、$\Delta e_{机3}$）为

$$\Delta e_{机2} = \Delta e_{机1} \cdot (Q_{运煤2} - Q_{运煤1}) \quad (万元/km) \tag{3-9}$$

$$\Delta e_{机3} = \Delta e_{机1} \cdot (Q_{运煤3} - Q_{运煤1}) \quad (万元/km) \tag{3-10}$$

将式(3-8)的$\Delta e_{机1}$代入式(3-10)，则有

$$\Delta e_{机i} = \frac{e_{122} \cdot b_{机购}}{Q_{运煤1}} \cdot (Q_{运煤i} - Q_{运煤1}) \tag{3-11}$$

式中：$\Delta e_{机i}$ —方案i每千米造价中增加的机车车辆购置费，万元/km；

$Q_{运煤i}$ —方案i的运煤量，亿 t。

若令

$$\rho_{机i} = \frac{Q_{运煤i} - Q_{运煤1}}{Q_{运煤1}} \tag{3-12}$$

式中：$\rho_{机i}$ —方案i的运量增加比数。

则作为一般式，$\Delta e_{机i}$的计算公式也可以写为

$$\Delta e_{机i} = \rho_{机i} \cdot e_{122} \cdot b_{机购} \tag{3-13}$$

据此，在分析计算中，e_{122}的修正值e_{122i}按下式计算：

$$e_{122i} = e_{122} + \Delta e_{机i} \tag{3-14}$$

这时，机车车辆购置费在总造价中所占的比重（$b_{机购i}$）为

$$b_{机购i} = \frac{\Delta e_{机i} + e_{机1}}{e_{122i}} \tag{3-15}$$

若在每千米铁路造价中，沿线土建工程投资的固定部分占总投资的比重为$b_{沿固}$，因而沿线土建工程投资的固定部分与机车车辆购置费

之和占总投资的比重（$\lambda_{铁固}$）为

$$\lambda_{铁固i}=b_{沿固}+b_{机购i} \tag{3-16}$$

相应地，在每千米铁路造价中，沿线土建工程投资的固定部分与机车车辆购置费之和为

$$E_{铁固i}=e_{122}b_{沿固}+e_{122i}b_{机购i} \tag{3-17}$$

为便于计算，也可以将 $b_{沿固}$ 按如下方法换算为方案值：

$$b_{沿固i}=\frac{e_{122}b_{沿固}}{e_{122i}} \tag{3-18}$$

这样，就有

$$E_{铁固i}=e_{122i}(b_{沿固i}+b_{机购i}) \tag{3-19}$$

按上述原理计算得到各方案的参数结果见表 3-7。

因此，在分析计算中，若采用方案二～五的运输量，且考虑机车车辆购置费变化时，式(2-21)中的 $\lambda_{铁}$ 应按下式取值：

$$\lambda_{铁i}=1-\lambda_{铁固i}=1-(b_{沿固i}+b_{机购i}) \tag{3-20}$$

表 3-7 运煤专线有关参数计算表

方案	$Q_{运煤1}$ /亿 t	$Q_{运煤i}$ /亿 t	$\rho_{机i}$	e_{12} /(万元/km)	$\Delta e_{机i}$ /(万元/km)	e_{122i} /(万元/km)	$b_{机购i}$ /%	$b_{沿固i}$ /%	$b_{沿固i}+b_{机购i}$ /%	$E_{铁固i}$ /(万元/亿 t)	$\lambda_{铁i}$ /%
一	1.3	—	0	7000	0	7000	5.00	5.00	10.00	700	90.00
二	—	1.6	0.231	7000	81	7081	6.08	4.94	11.03	781	88.97
三	—	1.8	0.385	7000	135	7135	6.79	4.91	11.70	835	88.30
四	—	2.1	0.615	7000	215	7215	7.83	4.85	12.68	915	87.32
五	—	2.5	0.923	7000	323	7323	9.19	4.78	13.97	1023	86.03

（四）基础数据

在度电成本分析计算中，相关基础数据见表 3-8。

表 3-8　运煤输电方案度电成本计算基础数据表

<table>
<tr><th>数据种类</th><th colspan="2">项目</th><th>符号</th><th>数据</th><th>单位</th></tr>
<tr><td rowspan="21">运煤通用数据</td><td colspan="2">铁路建设贷款利率</td><td>i_1</td><td>7.24%</td><td>—</td></tr>
<tr><td colspan="2">铁路建设资本金比重</td><td>q_1</td><td>50%</td><td>—</td></tr>
<tr><td colspan="2">铁路固定资产投资中，沿线土建工程投资的比重</td><td>$\lambda_{铁}$</td><td>普通双线铁路取 0.9，运煤专线取 0.8603</td><td>—</td></tr>
<tr><td colspan="2">标煤售价</td><td>e_{11}</td><td>405</td><td>元/t</td></tr>
<tr><td colspan="2">铁路建设工程投资回收期</td><td>n_1</td><td>25</td><td>年</td></tr>
<tr><td colspan="2">煤种 i 的发热量</td><td>F_i</td><td>5500</td><td>大卡</td></tr>
<tr><td colspan="2">标煤发热量</td><td>$F_{标}$</td><td>7000</td><td>大卡</td></tr>
<tr><td colspan="2">运煤损耗率</td><td>β_1</td><td>0.3%</td><td>—</td></tr>
<tr><td colspan="2">铁路运输与运输距离有关的运营成本</td><td>e_{121}</td><td>0.09</td><td>元/(t·km)</td></tr>
<tr><td colspan="2">铁路运输与运输距离无关的运营成本</td><td>$e_{121固}$</td><td>10</td><td>元/t</td></tr>
<tr><td colspan="2">铁路总造价中机车车辆购置费比重</td><td>$b_{机购}$</td><td>普通双线铁路取 5%，运煤专线取 9.19%</td><td>—</td></tr>
<tr><td rowspan="3">运煤距离</td><td>交流 500kV</td><td rowspan="3">$L_{运煤}$</td><td>722</td><td rowspan="3">km</td></tr>
<tr><td>交流 1000kV</td><td>1111</td></tr>
<tr><td>直流</td><td>2444</td></tr>
<tr><td rowspan="2">铁路每千米造价</td><td>新建普通双线</td><td rowspan="2">e_{122}</td><td>6000</td><td rowspan="2">万元/km</td></tr>
<tr><td>新建运煤专线</td><td>7323</td></tr>
<tr><td rowspan="4">铁路沿线土建工程投资的固定部分与机车车辆购置费之和</td><td>新建双线(722km)</td><td rowspan="4">$E_{铁固}$</td><td>433200</td><td rowspan="4">万元</td></tr>
<tr><td>新建双线(1111km)</td><td>666600</td></tr>
<tr><td>新建双线(2444km)</td><td>1466400</td></tr>
<tr><td>新建运煤专线(2444km)</td><td>1710800</td></tr>
</table>

续表

数据种类	项目		符号	数据	单位
运煤通用数据	运煤量	新建双线(方案 1-1、3-1)	$Q_{运煤}$	957	万 t
		新建双线(方案 2-1、4-1)		1723	
		新建双线(方案 5-1)		1532	
		新建运煤专线(方案 5-2)		25000	
	运煤能力比数	新建双线(方案 1-1、3-1)	α	0.089	—
		新建双线(方案 2-1、4-1)		0.156	
		新建双线(方案 5-1)		0.133	
		新建运煤专线(方案 5-2)		1	
发电输电通用数据	标煤售价		e_{21}	405	元/t
	电厂建设投资回收期		n_2	25	年
	受端电厂度电运维费用		e_{131}	0.104	元/(kW·h)
	受端电厂机组单位容量造价		e_{132}	3675	元/kW
	坑口电厂度电运维费用		e_{231}	0.104	元/(kW·h)
	坑口电厂机组单位容量造价		e_{232}	3883	元/kW
	电厂年发电小时		$t_{电}$	5000	小时/年
	受端电厂度电标煤消耗量		$\gamma_{电}^{运煤}$	3.0×10^{-4}	t/(kW·h)
	坑口电厂度电标煤消耗量(风冷)		$\gamma_{电}^{输电}$	3.3×10^{-4}	t/(kW·h)
	变电站损耗		β_3(交流)	0.36	—
	每千米交流输电线路损耗(1000kV)		β_4(交流)	0.00222%	—
	每千米交流输电线路损耗(500kV)		β_4(交流)	0.00645%	—

续表

数据种类	项目		符号	数据	单位
发电输电通用数据	换流站损耗		β_3（直流）	1.5%	—
	每千米直流输电线路损耗		β_4（直流）	0.00325%	—
	输电距离	交流 500kV	$L_{输电}$	650	km
		交流 1000kV		1000	
		直流		2200	
	年输电运维费用占输电工程总投资的比例	交流	$\lambda_{运}$	2.5%	—
		直流		3.0%	
	变电（换流）站投资	交流 500kV、500 万 kW	$E_{变流}$	150000	万元
		交流 500kV、900 万 kW		240000	
		交流 1000kV、500 万 kW		450000	
		交流 1000kV、900 万 kW		600000	
		直流		1270000	
	每千米输电线投资	交流 500kV、500 万 kW	e_{222}	600	万元/km
		交流 500kV、900 万 kW		1200	
		交流 1000kV、500 万 kW		800	
		交流 1000kV、900 万 kW		1800	
		直流		750	
	年耗煤量	交流 500kV、900 万 kW	$Q_{耗煤}$	1100	万 t
		交流 1000kV、500 万 kW		1980	
		交流 1000kV、900 万 kW		1078	
		交流 500kV、500 万 kW		1940	
		直流		1839	

三、度电成本分析计算

根据第二、三章的计算方法以及相关数据计算，可得到各个对比方案的度电成本数据，如表3-9所示。为研究度电成本与因素变化的关系，同时计算了相关因素取值增加10％变化量的度电成本（见表3-10～表3-14）。

表3-9　度电成本数据表

方案	运煤方案/[元/(kW·h)]		输电方案/[元/(kW·h)]	
交流500kV	L=0km	L=722km	L=0km	L=650km
1-1	0.2603	0.2957	0.2734	0.2956
2-1	0.2602	0.2954	0.2730	0.2963
交流1000kV	L=0km	L=1111km	L=0km	L=1000km
3-1	0.2609	0.3155	0.2811	0.3083
4-1	0.2609	0.3150	0.2782	0.3105
直流	L=0km	L=2444km	L=0km	L=2200km
5-1	0.2628	0.3806	0.2934	0.3453
5-2	0.2621	0.3651	0.2934	0.3453

表3-10　度电成本数据表（新建线路运营成本＋10％）

方案	运煤方案/[元/(kW·h)]		输电方案/[元/(kW·h)]	
交流500kV	L=0km	L=722km	L=0km	L=650km
1-1	0.2603	0.2982	0.2734	0.2956
2-1	0.2602	0.2979	0.2934	0.2963
交流1000kV	L=0km	L=1111km	L=0km	L=1000km
3-1	0.2609	0.3193	0.2811	0.3083
4-1	0.2609	0.3188	0.2782	0.3105
直流	L=0km	L=2444km	L=0km	L=2200km
5-1	0.2628	0.3890	0.2934	0.3453
5-2	0.2621	0.3736	0.2934	0.3453

表 3-11　度电成本数据表(铁路造价+10%)

方案	运煤方案/[元/(kW·h)]		输电方案/[元/(kW·h)]	
交流 500kV	L=0km	L=722km	L=0km	L=650km
1-1	0.2603	0.2968	0.2734	0.2956
2-1	0.2602	0.2964	0.2730	0.2963
交流 1000kV	L=0km	L=1111km	L=0km	L=1000km
3-1	0.2609	0.3171	0.2811	0.3083
4-1	0.2609	0.3165	0.2782	0.3105
直流	L=0km	L=2444km	L=0km	L=2200km
5-1	0.2628	0.3840	0.2934	0.3453
5-2	0.2621	0.3670	0.2934	0.3453

表 3-12　度电成本数据表(输电线造价+10%)

方案	运煤方案/[元/(kW·h)]		输电方案/[元/(kW·h)]	
交流 500kV	L=0km	L=722km	L=0km	L=650km
1-1	0.2603	0.2957	0.2734	0.2966
2-1	0.2602	0.2954	0.2730	0.2974
交流 1000kV	L=0km	L=1111km	L=0km	L=1000km
3-1	0.2609	0.3155	0.2811	0.3104
4-1	0.2609	0.3150	0.2782	0.3131
直流	L=0km	L=2444km	L=0km	L=2200km
5-1	0.2628	0.3806	0.2934	0.3481
5-2	0.2621	0.3651	0.2934	0.3481

表 3-13　度电成本数据表(煤种发热量+10%)

方案	运煤方案/[元/(kW·h)]		输电方案/[元/(kW·h)]	
交流 500kV	L=0km	L=722km	L=0km	L=650km
1-1	0.2598	0.2921	0.2731	0.2943
2-1	0.2598	0.2918	0.2727	0.2949
交流 1000kV	L=0km	L=1111km	L=0km	L=1000km
3-1	0.2604	0.3100	0.2801	0.3054
4-1	0.2603	0.3095	0.2774	0.3073
直流	L=0km	L=2444km	L=0km	L=2200km
5-1	0.2621	0.3692	0.2915	0.3406
5-2	0.2614	0.3551	0.2915	0.3406

表 3-14　度电成本数据表(输电年运维费用+10%)

方案	运煤方案/[元/(kW·h)]		输电方案/[元/(kW·h)]	
交流 500kV	L=0km	L=722km	L=0km	L=650km
1-1	0.2603	0.2957	0.2736	0.2961
2-1	0.2602	0.2954	0.2731	0.2968
交流 1000kV	L=0km	L=1111km	L=0km	L=1000km
3-1	0.2609	0.3155	0.2816	0.3096
4-1	0.2609	0.3150	0.2785	0.3118
直流	L=0km	L=2444km	L=0km	L=2200km
5-1	0.2628	0.3806	0.2943	0.3474
5-2	0.2621	0.3651	0.2943	0.3474

根据表 3-9 度电成本数据绘制的度电成本与运煤输电距离关系图见图 3-1 和图 3-2。

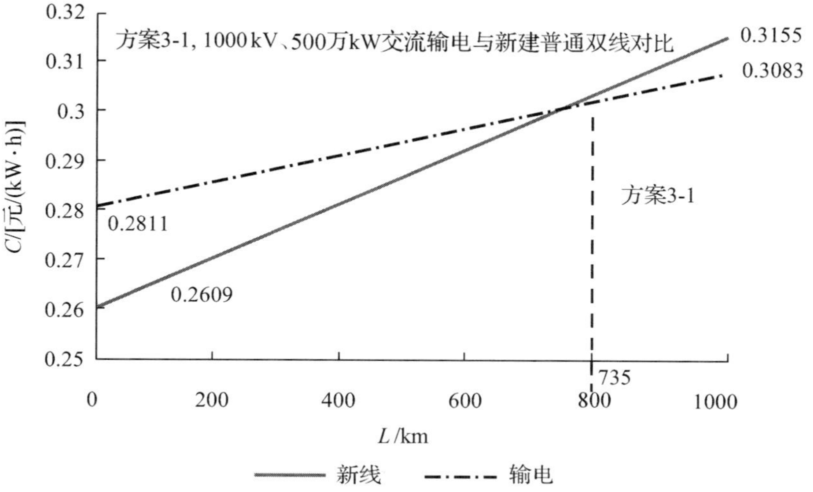

图 3-1　度电成本与运煤输电距离关系图(交流)

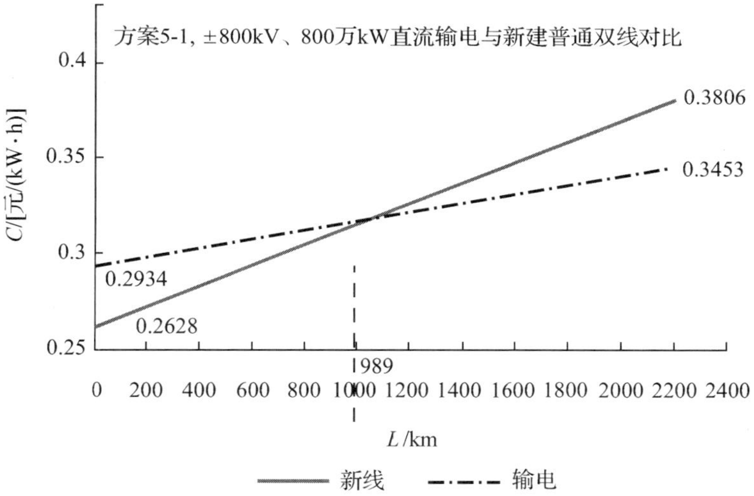

图 3-2　度电成本与运煤输电距离关系图(直流)

第四章　运煤输电临界距离

一、临界距离的内涵

如前所述，所谓临界距离，是指运煤和输电两种方式度电成本的平衡点所对应的距离。小于这一距离对运煤（输电）有利，大于这一距离对输电（运煤）有利。这里所说的成本，是指受端每度电的成本。

运煤输电临界距离是运煤输电决策的一个主要定量指标。本章在前述运煤输电方案度电成本计算的基础上，确定运煤输电的临界距离。

由于线路设计、施工条件和运用条件的不同，在运煤、输电始点和终点间的铁路线路与输电线路的长度不同。设运煤铁路线长度为 $L_{运煤}$，输电线路的长度为 $L_{输电}$，称输电距离与运煤距离之比为运煤输电距离折算系数 (θ)，即

$$\theta = \frac{L_{输电}}{L_{运煤}} \tag{4-1}$$

当采用交流输电时，根据度电成本计算模型和有关基础数据，以某方案为例，当 $\theta = 0.90$ 时，绘制运煤方案度电成本、交流输电方案度电成本与运煤距离的关系图，如图 4-1 所示。

由图 4-1 可知，当运煤距离较短时，运煤方案度电成本高于交流输电方案度电成本，度电成本差表现为正值。随着运煤距离的增加，度电成本差距缩小，至临界点处，度电成本差为零，形成了运煤方案度电成本与交流输电方案度电成本相等的平衡点。随后，度电成本差由正值变为负值，即运煤方案度电成本低于交流输电方案度电成本。

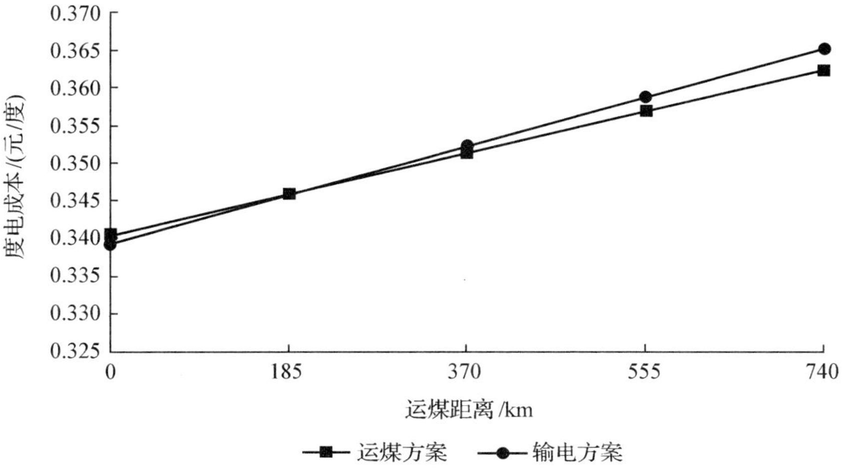

图 4-1 运煤、交流输电方案度电成本-运煤距离关系图

当采用直流输电时，根据度电成本计算模型和有关基础数据，以另一方案为例，当 $\theta=0.90$ 时，绘制运煤方案度电成本、直流输电方案度电成本与运煤距离的关系图，如图 4-2 所示。

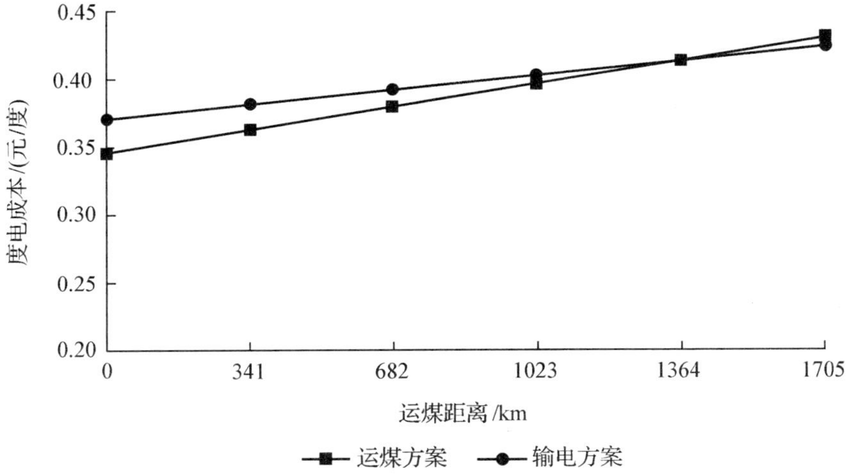

图 4-2 运煤、直流输电方案度电成本-运煤距离关系图

由图 4-2 知，当运煤距离较短时，运煤方案度电成本低于直流输电方案度电成本，度电成本差表现为负值。随着运煤距离的增加，度电成本差距逐渐缩小，至临界点处，度电成本差为零，形成了运煤方案度电

成本与直流输电方案度电成本相等的平衡点。随后,度电成本差由负值变为正值,即运煤方案度电成本高于直流输电方案度电成本。

因此,对运煤方案与交流输电方案而言,运煤输电临界距离是按度电成本比较的运煤有利范围与交流输电有利范围的运煤距离分界点,临界距离以上运煤方案有利。对运煤方案与直流输电方案而言,运煤输电临界距离是按度电成本比较的运煤有利范围与直流输电有利范围的运煤距离分界点,临界距离以下运煤方案有利。

二、运煤输电临界距离的计算

在数值上,运煤输电临界距离是指运煤度电成本与输电度电成本平衡点所对应的运煤输电距离,因此,它可以根据 $C_1 = C_2$ 的条件分析计算。

1）函数计算法

对于新线建设项目:

$$C_1 = \frac{\gamma_{电}^{运煤}}{1-\beta_1}\left\{e_{11} + \frac{F_{标}}{F_i}\left[e_{121}L_{运煤} + e_{121固} + \frac{(e_{122}\lambda_{铁}\ L_{运煤} + E_{铁固})\alpha}{Q_{运煤}} \cdot \left(\frac{1}{n_1} + (1-q_1)\cdot i_1\right)\right]\right\} + e_{131} + \frac{e_{132}}{t_{电}\ n_2} + e_{14} + e_{15}$$

对于既有线运煤项目:

$$C_1 = \frac{\gamma_{电}^{运煤}}{1-\beta_1}\left[e_{11} + \frac{F_{标}}{F_i}(e_{12固} + e_{12变}L_{运煤})\right] + e_{131} + \frac{e_{132}}{t_{电}\ n_2} + e_{14} + e_{15}$$

对于输电项目:

$$C_2 = \frac{(e_{222}L_{输电} + E_{变流})\gamma_{电}^{输电}F_{标}}{F_iQ_{耗煤}[1-(\beta_3+\beta_4L_{输电})]}\left(\frac{1}{n_2} + \lambda_{运}\right) + \frac{1}{1-(\beta_3+\beta_4L_{输电})}\left(e_{21}\gamma_{电}^{输电} + e_{231} + \frac{e_{232}}{t_{电}\ n_2} + e_{24} + e_{25}\right)$$

当 $C_1 = C_2$ 时,通过整理可得如下关于临界距离 l 的一元二次方程:

$$al^2 + bl + c = 0$$

式中:a、b、c 为

$$a = K\beta_4$$

$$K = \begin{cases} \dfrac{\gamma_{电}^{运煤} F_{标}(e_{121} + e_{122}\lambda_{铁} A_1)}{0.88F_i(1-\beta_1)} & (新线建设项目) \\ \dfrac{\gamma_{电}^{运煤} F_{标}\ e_{12变}}{0.88F_i(1-\beta_1)} & (既有线) \end{cases}$$

$$A_1 = \frac{\alpha}{Q_{运煤}}\left[\frac{1}{n_1} + (1-q_1)\cdot i_1\right]$$

$$b = K(\beta_3 - 1) + (P + E_1)\beta_4 - A_2 e_{222}$$

$$P = \begin{cases} \dfrac{\gamma_{电}^{运煤} F_{标}\ E_{铁固} A_1}{(1-\beta_1)F_i} & (新线建设项目) \\ \dfrac{\gamma_{电}^{运煤} F_{标}\ e_{12固}}{(1-\beta_1)F_i} & (既有线) \end{cases}$$

$$E_1 = \frac{\gamma_{电}^{运煤}(e_{11}F_i + F_{标}\ e_{121固})}{F_i(1-\beta_1)} + e_{131} + \frac{e_{132}}{t_{电}\ n_2} + e_{14} + e_{15}$$

$$A_2 = \frac{\gamma_{电}^{输电} F_{标}}{Q_{耗煤} F_i}\left(\frac{1}{n_2} + \lambda_{运}\right)$$

$$c = E_{变流} A_2 + E_2 - (P + E_1) + (P + E_1)\beta_3$$

$$E_2 = e_{21}\gamma_{电}^{输电} + e_{231} + \frac{e_{232}}{t_{电}\ n_2} + e_{24} + e_{25}$$

求解一元二次方程式可得运煤输电临界距离。

在上述计算中，采用 $L_{运煤} = \dfrac{L_{输电}}{\theta}$ 求解，因此，计算结果的临界距离是指输电距离。

由运煤输电度电成本临界距离计算模型可以看出，煤价、电厂运维费用在运煤、输电具体方案中虽然不尽相同，但从总体上分析，这两项因素对临界距离的计算结果基本上没有影响。影响运煤输电度电成本临界距离的因素如表 4-1 所示。为分析相关因素变化对临界距离的影响，煤炭发热量分别取 3300 大卡、4500 大卡、5000 大卡、5500 大卡和 6500 大卡，铁路建设资本金比重取 20%，其他相关因素在基础(标准)数据的基础上分别增加 10%、20%、30%、40%和 50%(见表 4-1)，在其他因素取基础(标准)数据的条件下,计算不同情景的运煤输电度电成本临界距离,如表 4-2 至 4-7 所示。

表 4-1 计算因素变化情景设计方案

因素	1	2	3	4	5
煤种发热量/大卡	3300	4500	5000	5500	6500
新建线路运营成本增加/%	+10	+20	+30	+40	+50
输电年运维费用增加/%	+10	+20	+30	+40	+50
铁路造价增加/%	+10	+20	+30	+40	+50
输电线造价增加/%	+10	+20	+30	+40	+50
铁路建设资本金比重/%	20	—	—	—	—

表 4-2 方案 1-1 在不同因素变化情景下的临界距离 (单位:km)

变化因素	基础方案	1	2	3	4	5
煤种发热量	642	314	464	545	642	915
新建线路运营成本	642	535	460	404	361	326
输电年运维费用	642	671	702	737	774	816
铁路造价	642	591	549	512	481	453
输电线造价	642	700	771	864	990	1184
铁路建设资本金比重	642	439	—	—	—	—

表 4-3 方案 2-1 在不同因素变化情景下的临界距离 (单位:km)

变化因素	基础方案	1	2	3	4	5
煤种	702	325	494	587	702	1057
新建线路运营成本	702	572	484	421	372	334
输电年运维费用	702	740	783	831	886	948
铁路造价	702	641	591	548	511	480
输电线造价	702	786	901	1071	1405	—
铁路建设资本金比重	702	465	—	—	—	—

表 4-4　方案 3-1 在不同因素变化情景下的临界距离　　（单位：km）

变化因素	基础方案	1	2	3	4	5
煤种	735	532	638	686	735	841
新建线路运营成本	735	644	573	517	470	432
输电年运维费用	735	774	816	861	910	961
铁路造价	735	693	656	623	593	566
输电线造价	735	796	869	957	1066	1206
铁路建设资本金比重	735	612	—	—	—	—

表 4-5　方案 4-1 在不同因素变化情景下的临界距离　　（单位：km）

变化因素	基础方案	1	2	3	4	5
煤种	790	533	665	726	790	929
新建线路运营成本	790	670	582	515	462	419
输电年运维费用	790	845	906	975	1052	1140
铁路造价	790	735	688	647	610	577
输电线造价	790	899	1048	1261	1608	2371
铁路建设资本金比重	790	557	—	—	—	—

表 4-6　方案 5-1 在不同因素变化情景下的临界距离　　（单位：km）

变化因素	基础方案	1	2	3	4	5
煤种	989	721	859	922	989	1136
新建线路运营成本	989	878	789	718	658	607
输电年运维费用	989	1038	1089	1142	1198	1257
铁路造价	989	941	898	859	823	790
输电线造价	989	1032	1079	1131	1190	1254
铁路建设资本金比重	989	751	—	—	—	—

表 4-7 方案 5-2 在不同因素变化情景下的临界距离 （单位：km）

变化因素	基础方案	1	2	3	4	5
煤种	1306	923	1116	1207	1306	1531
新建线路运营成本	1306	1120	982	875	789	719
输电年运维费用	1306	1379	1457	1540	1628	1723
铁路造价	1306	1259	1216	1175	1138	1102
输电线造价	1306	1383	1471	1572	1691	1833
铁路建设资本金比重	1306	1059	—	—	—	—

2）图解法

根据运煤、输电度电成本计算模型，可以在二维坐标图上绘制 $C_1 = f(L_{运煤})$、$C_2 = f(L_{输电})$ 曲线，两线交点所对应的距离即为通过图解法所得到的运煤、输电临界距离。

由运煤度电成本计算模型可以看出，运煤距离为运煤度电成本的线性影响因素，在坐标图上可用直线表示运煤距离与度电成本的函数关系。

与运煤度电成本与运煤距离的线性关系不同，输电距离是输电度电成本的非线性影响因素。为简化起见，在分析计算中按线性关系处理，为说明其可行性，下面进行必要的误差分析。

如图 4-3 所示，分别取输电距离为 0、交流输电可能达到或已经达到的最大距离（$L_{\max}$）和任意一个输电距离（L_x），分别计算其度电成本，可得 C_0、C_x、$C_{\max}$。在 $C = f(L)$ 坐标图中连接（L_0,C_0）、（L_x,C_x）、（$L_{\max}$,$C_{\max}$）三点可得一折线。当取 x 的点数增加到无穷大时，所对应的折线将成为真实反映输电距离与度电成本关系的曲线。若连接（L_0,C_0）、（$L_{\max}$,$C_{\max}$）两点可得一直线，用直线表示曲线任一点的误差为 ΔC_{xy}。

在图 4-3 中，如下关系必存在：

$$\frac{\Delta C_y}{\Delta C_{\max}} = \frac{L_x}{L_{\max}} \tag{4-2}$$

$$\Delta C_y = \frac{\Delta C_{\max} L_x}{L_{\max}} \tag{4-3}$$

$$\Delta C_{xy} = \Delta C_y - \Delta C_x \tag{4-4}$$

由此可得误差计算公式：

$$\Delta C_{xy} = \frac{\Delta C_{\max} L_x - \Delta C_x L_{\max}}{L_{\max}} \tag{4-5}$$

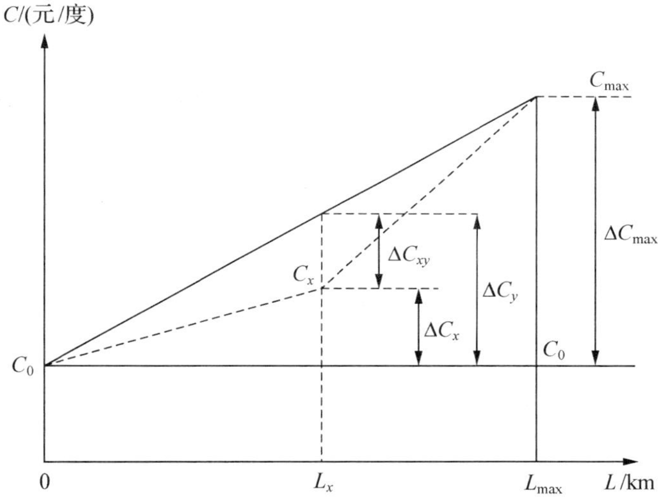

图 4-3　输电度电成本误差分析图

设误差率（ρ_x）为

$$\rho_x = \frac{\Delta C_{xy}}{C_x} \tag{4-6}$$

则误差率公式可写为

$$\rho_x = \frac{\Delta C_{\max} L_x - \Delta C_x L_{\max}}{C_x L_{\max}} \tag{4-7}$$

在输电度电成本计算模型中，输电距离既出现在分子项，也出现在分母项。若令

$$C_{计} = \frac{(e_{222} \cdot L_{输电} + E_{变流})\gamma_{电}^{输电} \cdot F_{标}}{Q_{耗煤} \cdot F_i}\left(\frac{1}{n_2} + \lambda_{运}\right) + \left(e_{21} \cdot \gamma_{电}^{输电} + e_{231} + \frac{e_{232}}{t_{电} \cdot n_2} + e_{24} + e_{25}\right) \tag{4-8}$$

则输电度电成本计算公式可以写为

$$C_x = \frac{C_{计}}{1-(\beta_3+\beta_4 L_{输电})} \tag{4-9}$$

式中，对交流输电 $\beta_3 = 0.36\%$，当输电电压为 1000kV 和 500kV 时 β_4 分别为 0.00222%/km 和 0.00645%/km，两者均为常量，在 $C_{计}$ 已知的条件下，可计算任一输电距离 L_x 的 C_x 值。对 500kV 的输电电压，取＝600km，分别取 L_x 为 200km 和 400km，计算 L_x = 200km、400km 条件下度电成本的误差；对 1000kV 的输电电压，取 L_{max} =1000km，分别取 L_x 为 400km 和 800km，计算 L_x = 400km、800km 条件下度电成本的误差，计算结果如表 4-8 所示。表中计算结果表明，误差率都在 0.1%以下。因此，用连接 (L_0, C_0)、(L_{max}, C_{max}) 所得的直线替代输电方案度电成本曲线是可以接受的。

表 4-8　误差率计算表

项目	500kV				1000kV			
	0km	200km	400km	600km	0km	400km	800km	1000km
$\beta_3+\beta_4 l_{电}$	0.0036	0.0165	0.0294	0.0423	0.0036	0.0125	0.0214	C.0258
$C_{计}$	0.2724	0.2754	0.2784	0.2814	0.2801	0.2882	0.2963	0.3004
C_x	0.2734	0.2800	0.2868	0.2938	0.2811	0.2919	0.3028	0.3083
C_{max}	—	—	—	0.2938	—	—	—	0.3083
C_0	0.2734	—	—	—	0.2811	—	—	—
ΔC_{max}	—	—	—	0.0204	—	—	—	0.0272
ΔC_x	—	0.0066	0.0134	—	—	0.0107	0.0217	—
ΔC_{xy}	—	0.00018	0.00018	—	—	0.00015	0.00010	—
ρ_x	—	0.064%	0.063%	—	—	0.050%	0.033%	—

三、临界距离计算因素敏感性分析

（一）敏感性分析

在运煤、输电组合方案度电成本计算中采用的基础数据，如工程投资、煤价、运价、铁路运营成本、输电运维费用以及电厂运维费用均为预测值、估计值或者统计分析值，具有一定的不确定性。

敏感性分析是指从定量分析的角度研究有关因素发生某种变化对某一个或一组关键指标影响程度的一种不确定分析技术。其实质是通过逐一改变相关变量数值的方法来解释关键指标受这些因素变动影响大小的规律。敏感性分析包括单因素敏感性分析和多因素敏感性分析。

在实际工作中，敏感性分析可以采用因素影响分析和敏感度系数分析等方法。

（二）临界距离的因素影响分析

根据表 4-2～表 4-7 的计算结果，可以绘制运煤输电度电成本临界距离与各个影响因素的关系曲线图（见图 4-4～图 4-15）。

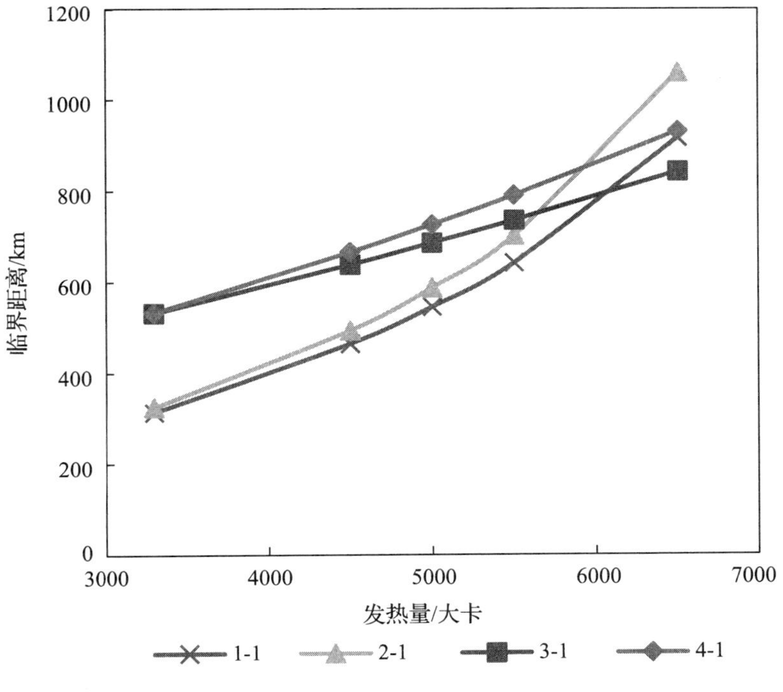

图 4-4　$l = f(F_i)$ 关系图（交流）

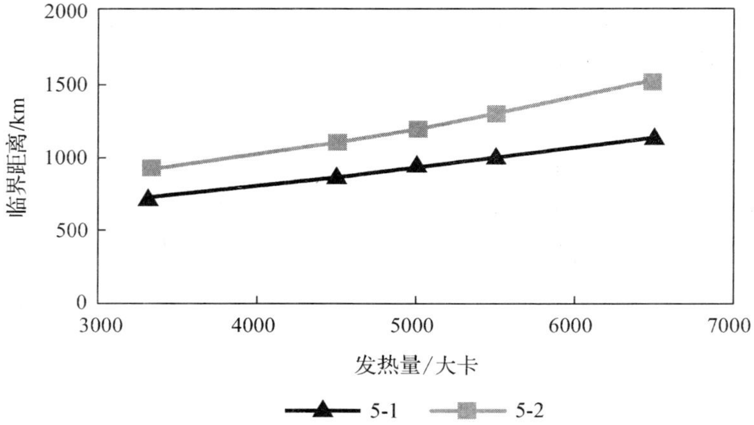

图 4-5　$l=f(F_i)$ 关系图(直流)

关系曲线图用于描述指标与因素变化之间的关系,可以看出,临界距离随煤种发热量、输电线造价、输电运维费用的增加而延长;随铁路造价、铁路运营成本的增加而缩短。

由图 4-4、图 4-5 可见,临界距离随煤种发热量的增加而延长,且 500kV 交流输电较 1000kV 增加速度快。

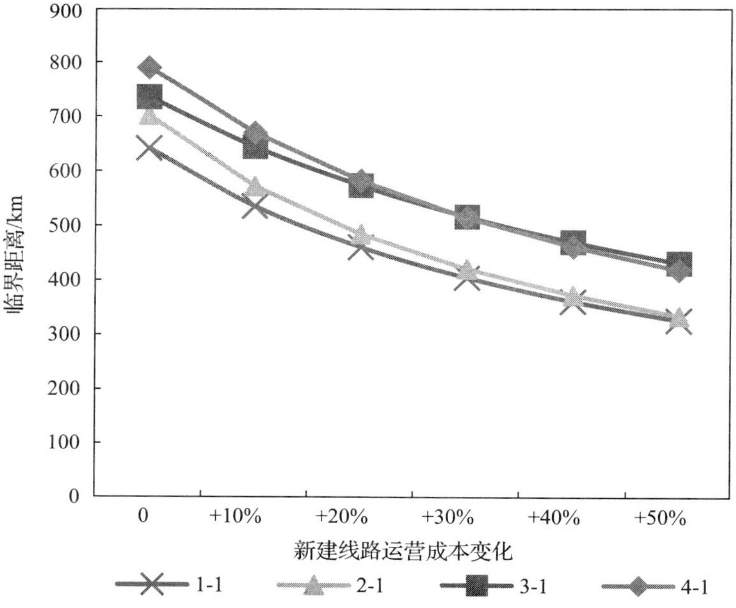

图 4-6　$l=f(e_{121})$ 关系图(交流)

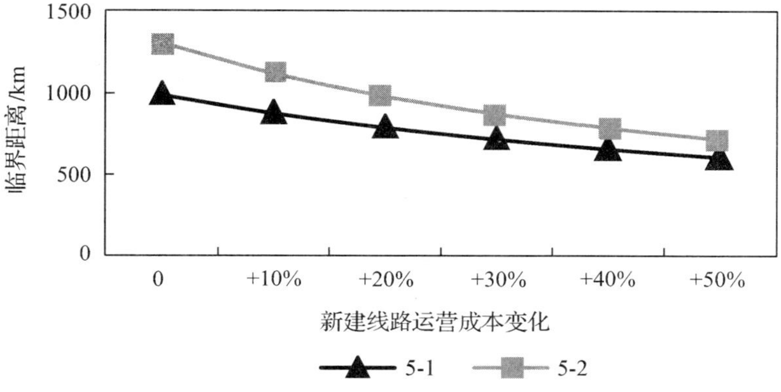

图 4-7　$l=f(e_{121})$ 关系图(直流)

由图 4-6、图 4-7 可见，临界距离随新建线路运营成本的增加而缩短。

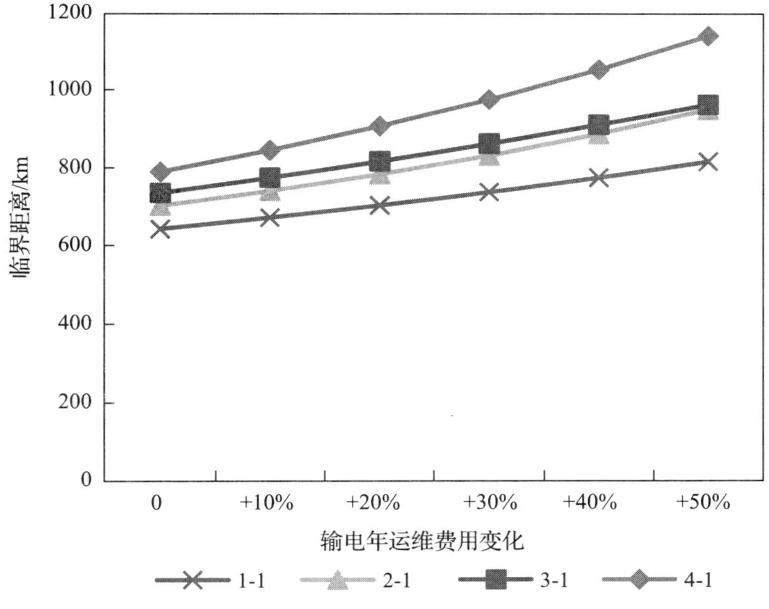

图 4-8　$l=f(\lambda_{运})$ 关系图(交流)

由图 4-8、图 4-9 可见，临界距离随输电年运维费用的增加而延长，但影响不大。

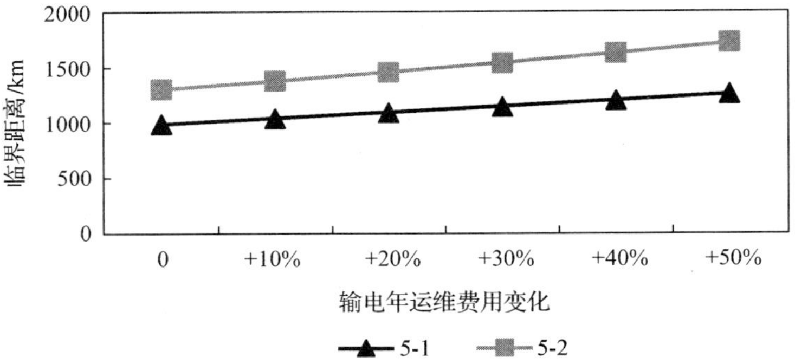

图 4-9　$l = f(\lambda_{运})$ 关系图(直流)

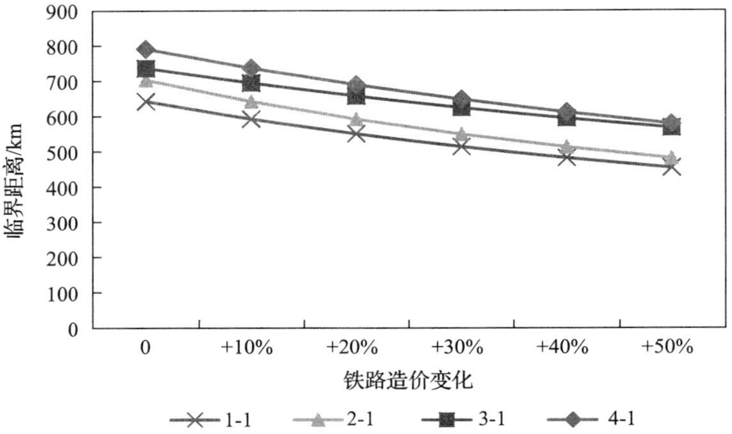

图 4-10　$l = f(e_{122})$ 关系图(交流)

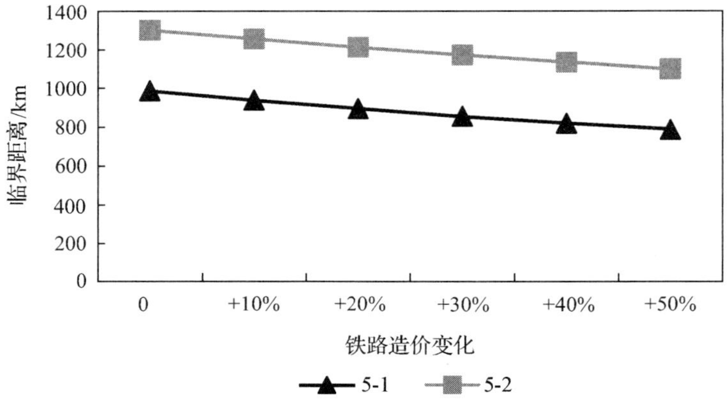

图 4-11　$l = f(e_{122})$ 关系图(直流)

由图 4-10、图 4-11 可见,临界距离随铁路造价的增加而缩短。

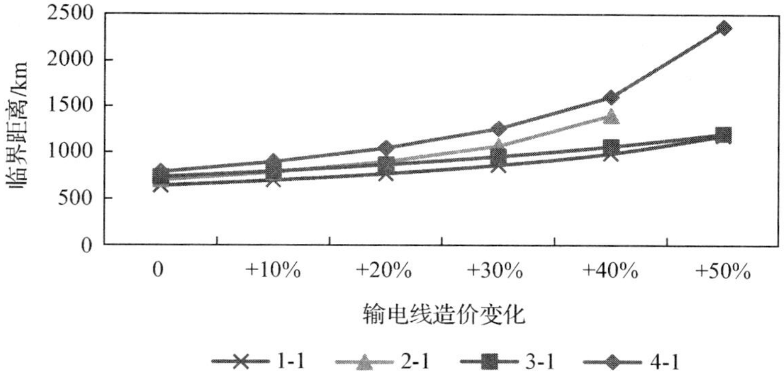

图 4-12　$l = f(e_{222})$ 关系图(交流)

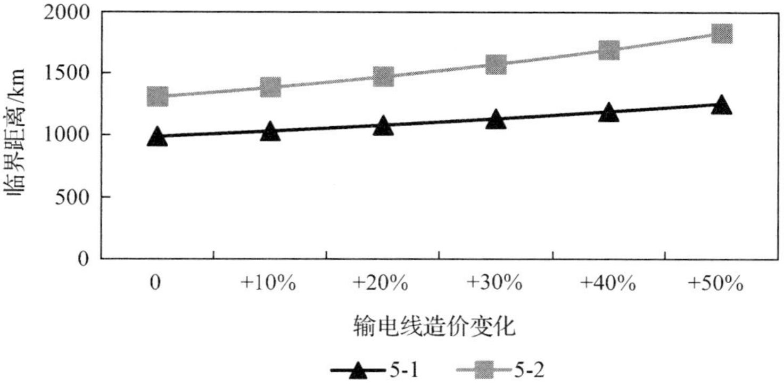

图 4-13　$l = f(e_{222})$ 关系图(直流)

由图 4-12、图 4-13 可见,临界距离随输电线造价的增加而延长。

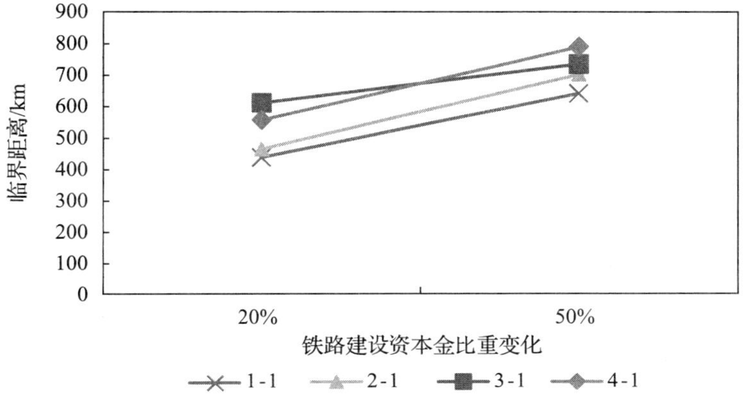

图 4-14　$l = f(q_1)$ 关系图(交流)

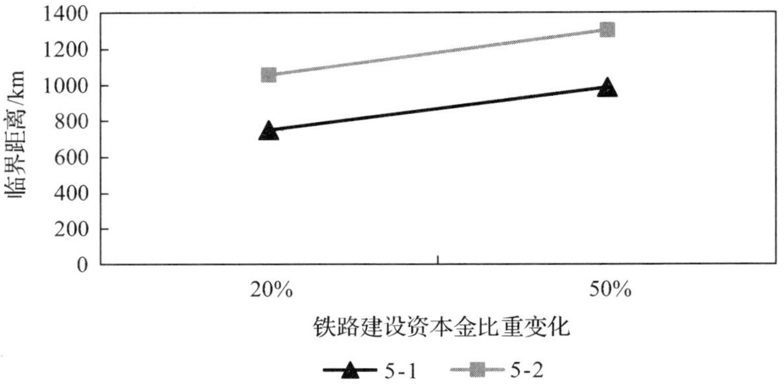

图 4-15　$l = f(q_1)$ 关系图(直流)

由图 4-14、图 4-15 可见,运煤临界距离随铁路建设资本金比重的增加而延长。

(三) 临界距离的敏感度系数分析法

敏感度系数表示不确定因素的变化对评价指标变化的影响强度,其值越大,敏感性越强,对评价指标的影响越显著。临界距离敏感度系数计算公式为

$$S_{AF} = \frac{\Delta L/L}{\Delta F/F}$$

式中:$\Delta F/F$ —不确定因素变化率;

$\Delta L/L$ —评价指标(临界距离)变化率。

临界距离关于相关因素的敏感度系数计算结果见表 4-9。该表计算结果表明:

(1) 临界距离关于煤种(发热量)的敏感度系数相对较大,其值达 0.7418,也就是说,煤种变化对运煤输电临界距离变化的影响较大,且它随发热量的增加和输电电压等级的下降而增加。

(2) 临界距离关于输电线造价和铁路线造价的敏感度系数都很大,尤其是对输电线路造价,其值可达 0.8428,敏感度系数随造价的增加和电压等级的下降而增加。

(3) 临界距离关于铁路造价的敏感度系数为负值,这意味着运煤输

电临界距离随铁路造价的提高而缩短。

（4）临界距离关于输电年运维费用的敏感度系数相对较小。

表 4-9 临界距离关于相关因素的敏感度系数计算表

因素	因素变化量			临界距离变化量/km			敏感度
	数值 1	数值 2	变化量	数值 1	数值 2	变化量	
煤种发热量	5000 大卡	5500 大卡	500 大卡	685.54	735.11	49.57	0.7418
输电年运维费用比率	2.50%	2.75%	0.25%	735.11	774.47	39.36	0.5590
新建双线铁路造价	6000 万元/km	6600 万元/km	600 万元/km	735.11	693.49	−41.62	−0.6602
每千米输电线投资	800 万元/km	880 万元/km	80 万元/km	735.11	796.11	61.00	0.8428

四、临界距离取值范围及运煤、输电有利距离范围

(一) 临界距离取值范围

一般来说，在确定的条件下，运煤与输电两种方式中哪种更为有利，可用“临界距离”加以判断。然而，实际上用于运煤与输电两种方式比较的条件（相关因素）往往是不确定的。分析计算表明，相关因素的不确定性，同时也构成了临界距离具有一定的不确定性。临界距离所具有的不确定特征，决定了它的数值，不可能是一个确定的数值，只能是一个取值范围。

在度电成本及临界距离计算中，为分析相关因素变化对临界距离的影响，各相关因素在基础数据的基础上分别增加 10%，经过计算，因素取值变化后临界距离也会变化，可得出临界距离随因素变化的一组数据，这组数据就是临界距离的取值范围（见表 4-10 和图 4-16～图 4-21）。

输电经济距离是输电行业根据各种电压等级的经济性推荐的输电距离。输电与运煤不同，输电效益受线损率等因素的制约，每种电压等

级的经济距离都是有限的。因此，在输电行业中普遍采用输电经济距离的概念。

表 4-10　临界距离取值范围表　　（单位：km）

项目		1-1	2-1	3-1	4-1	5-1	5-2
基础方案		642	702	735	790	989	1306
因素	煤种发热量增加 10%	774	868	792	864	1067	1425
	新建线路运营成本增加 10%	535	572	644	670	878	1120
	输电年运维费用增加 10%	671	740	774	845	1038	1379
	铁路造价增加 10%	591	641	693	735	941	1259
	输电线造价增加 10%	700	786	796	899	1032	1383
临界距离取值范围		550～750	550～850	650～800	650～900	900～1050	1100～1450

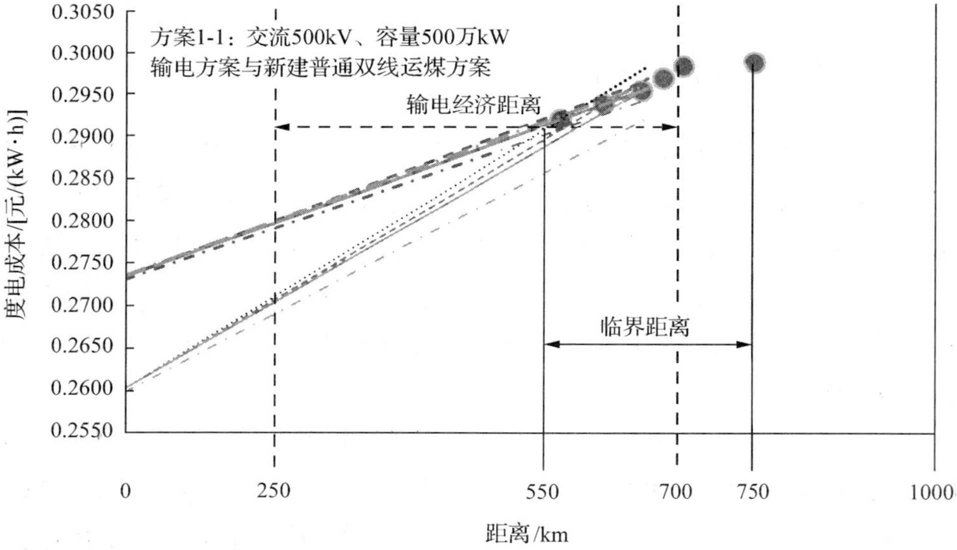

图 4-16　方案 1-1 临界距离取值范围

图 4-16 中，粗线簇表输电方案，细线簇表运煤方案，下同。

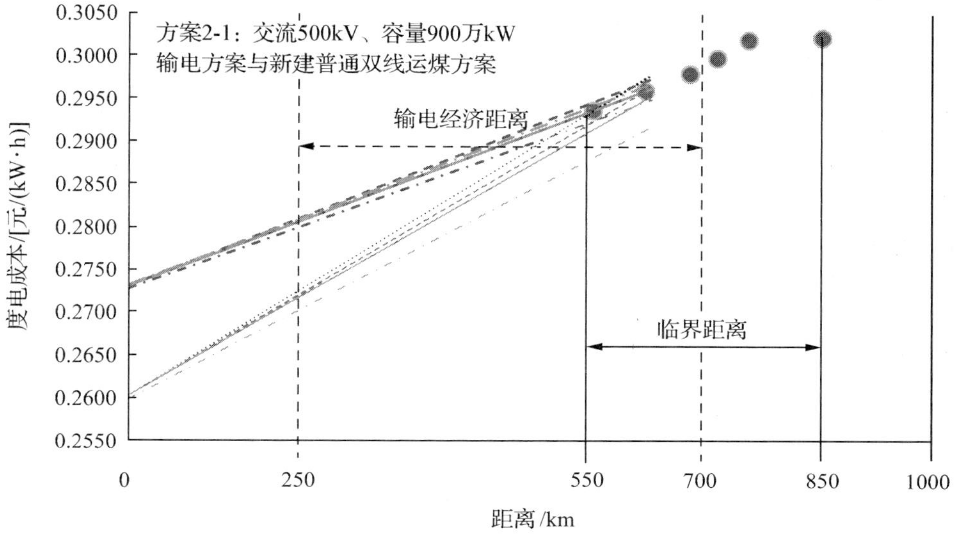

图 4-17　方案 2-1 临界距离取值范围

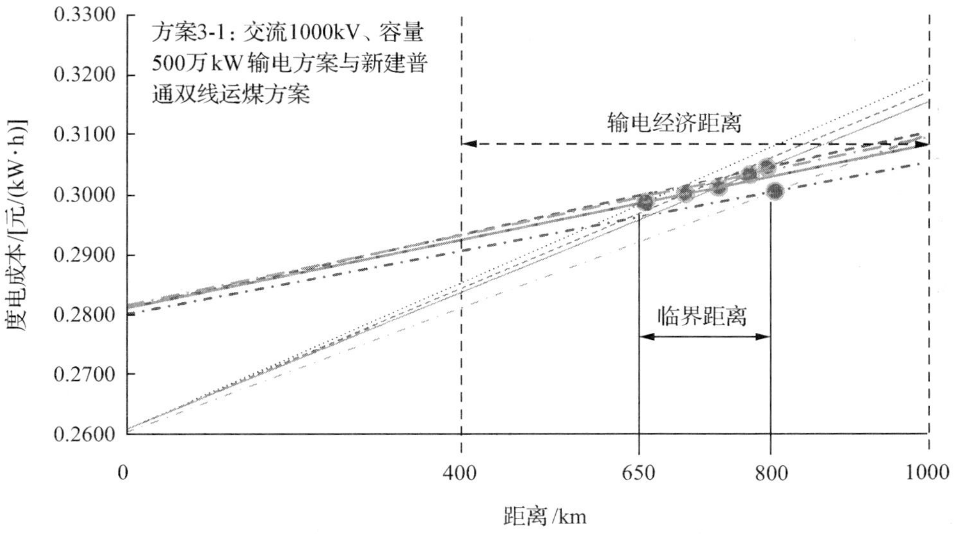

图 4-18　方案 3-1 临界距离取值范围

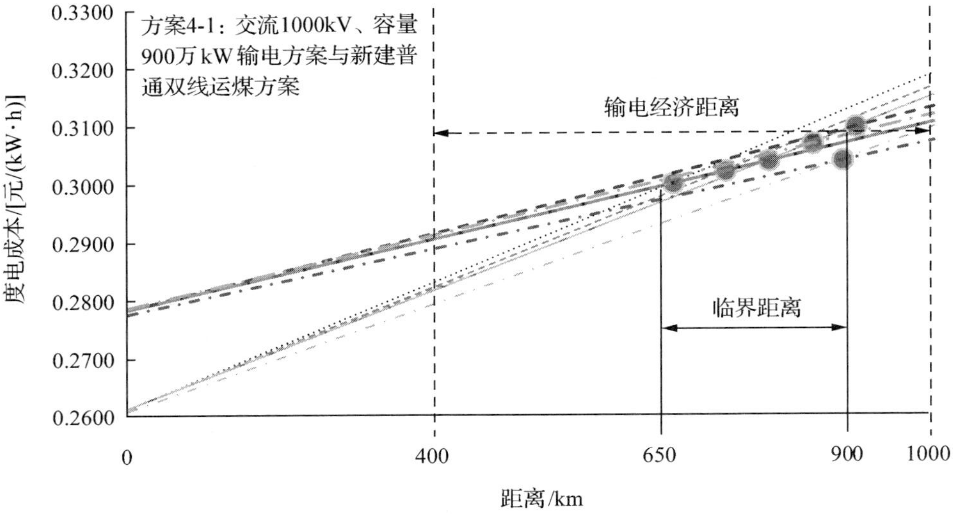

图 4-19　方案 4-1 临界距离取值范围

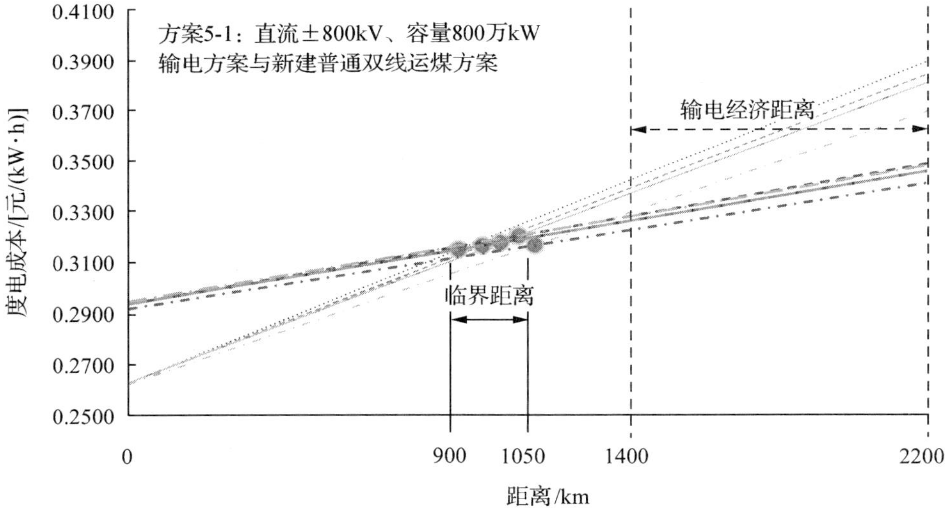

图 4-20　方案 5-1 临界距离取值范围

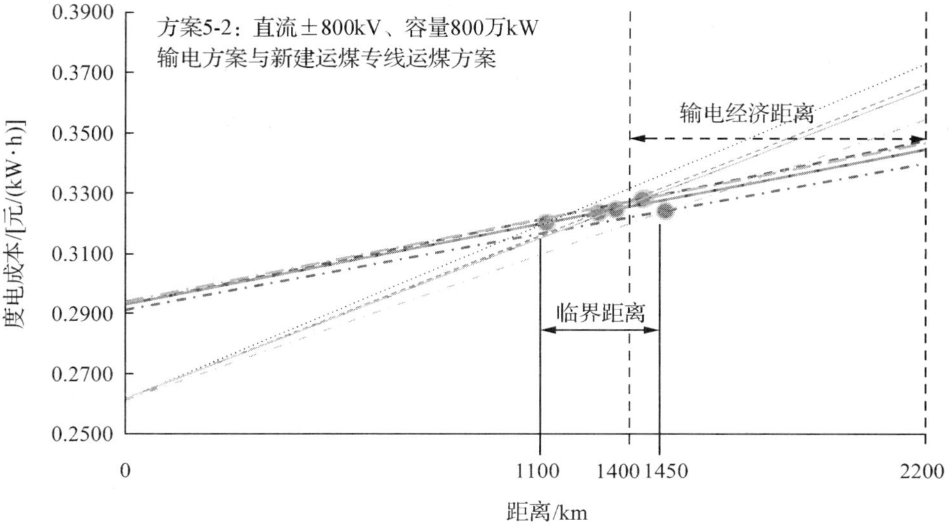

图 4-21 方案 5-2 临界距离取值范围

(二) 运煤、输电有利范围

在某一距离范围内，若输电方案的度电成本较运煤方案的度电成本低，该距离范围可称为输电的有利范围，相反，若运煤度电成本较输电度电成本低，则称为运煤的有利范围。运煤、输电有利范围根据临界距离取值范围确定。

根据表 4-10 的数据，对于交流 500kV、500 万 kW 输电，临界距离为[550，750]km；对于交流 500kV、900 万 kW 输电，临界距离为[550,850]km。在该电压等级输电经济距离为 250～700km 的条件下，输电有利范围为 550～700km(500 万 kW)和 550～700km(900 万 kW)。

而运煤有利范围由两部分组成：

(1) 由 0km 至运煤、输电临界距离的上限，即 0～750km(对比 500 万 kW交流输电)或 0～850km(对比 900 万 kW 交流输电)。

(2) 受交流输电经济距离的限制，500kV 交流输电的距离上限为 700km。如大于这一距离，应由适应性强的运煤方式承担。据此，运煤的第二部分有利范围是 700km 至需要的最大运距(Lx)。

两部分运煤有利范围相衔接，形成了 0～Lx 的有利距离范围。

对于交流 1000kV、500 万 kW 输电，临界距离为[650，800]km；对于交流 1000kV、900 万 kW 输电，临界距离为[650，900]km。在该电压等级的经济距离为 400～1000km 的条件下，输电有利范围均为 650～1000km(500 万 kW 和 900 万 kW)。

而运煤有利范围由两部分组成：

(1) 由 0km 至运煤、输电临界距离的上限，即 0～800km(对比 500 万 kW交流输电)或 0～900km(对比 900 万 kW 交流输电)。

(2) 受交流输电经济距离的限制，1000kV 交流输电的距离上限为 1000km。如大于这一距离，应由适应性强的运煤方式承担。据此，运煤的第二部分有利范围是 1000km 至需要的最大运距(Lx)。

对于直流±800kV 输电，运煤、输电临界距离为[900，1050]km(对比新建双线)和[1100，1450] km(对比新建运煤专线)，而经济输电距离为 1400～2200km，在这一条件下，直流输电的有利范围为 900～2200km(对比新建双线)或 1100～2200km(对比新建运煤专线)。

而运煤的有利范围为：

(1) 0～1050km(新建双线运煤)或 0～1450km(运煤专线运煤)；

(2) 2200km 至需要的最大运距(Lx)。

根据上述运煤、输电临界距离取值范围编制的运煤、输电有利范围见表 4-11 和图 4-22～图 4-27。

表 4-11　运煤、输电有利范围汇总表

项目				交流输电				直流输电
				500kV		1000kV		±800kV
				500 万 kW	900 万 kW	500 万 kW	900 万 kW	800 万 kW
临界距离取值范围/km			新建双线	550～750	550～850	650～800	650～900	900～1050
			新建专线	—	—	—	—	1100～1450
有利范围/km	运煤	1	新建双线	0～750	0～850	0～800	0～900	0～1050
			新建专线	—	—	—	—	0～1450
		2	新建双线	700～Lx	700～Lx	1000～Lx	1000～Lx	2200～Lx
			新建专线	—	—	—	—	2200～Lx
	输电		新建双线	550～700	550～700	650～1000	650～1000	900～2200
			新建专线	—	—	—	—	1100～2200

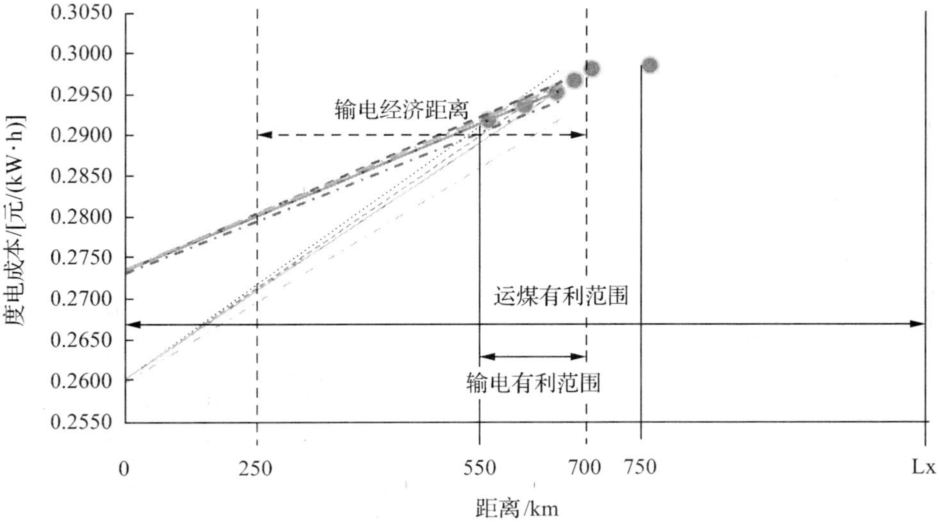

图 4-22　运煤输电有利范围图(交流 500kV、500 万 kW 输电，新建普通双线运煤)

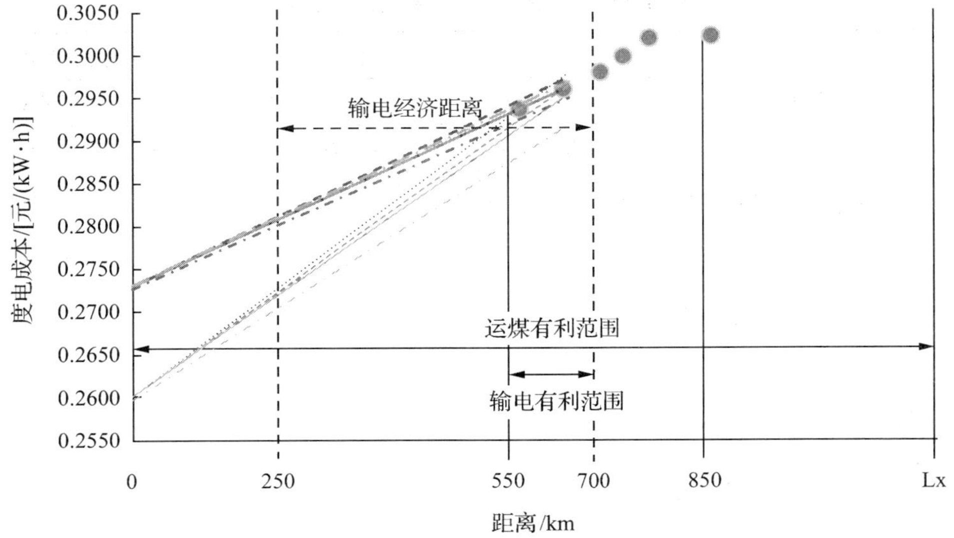

图 4-23　运煤输电有利范围图(交流 500kV、900 万 kW 输电，新建普通双线运煤)

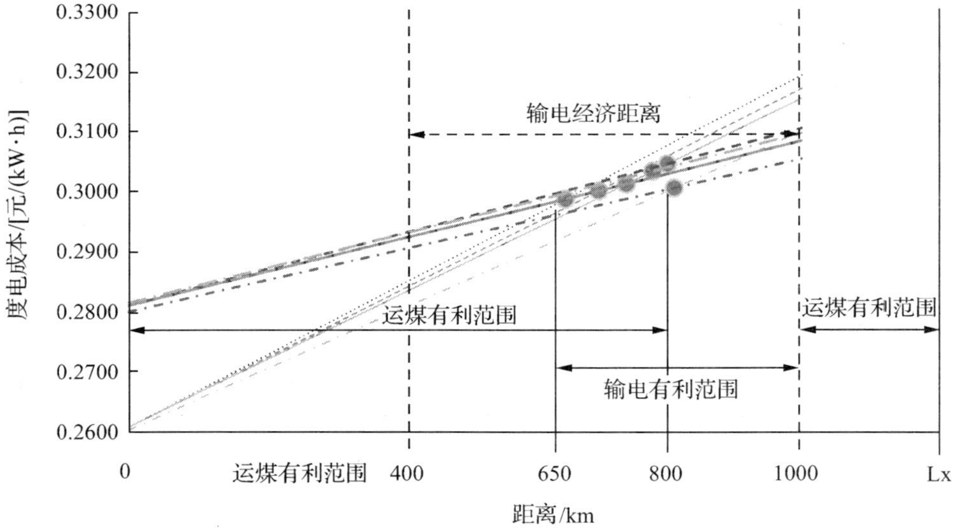

图 4-24　运煤输电有利范围图(交流 1000kV、500 万 kW 输电，新建普通双线运煤)

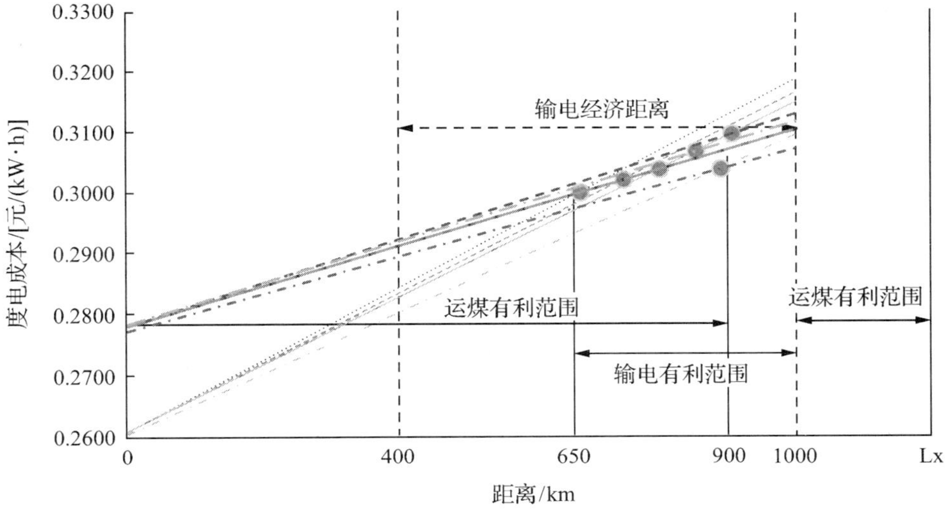

图 4-25　运煤输电有利范围图(交流 1000kV、900 万 kW 输电,新建普通双线运煤)

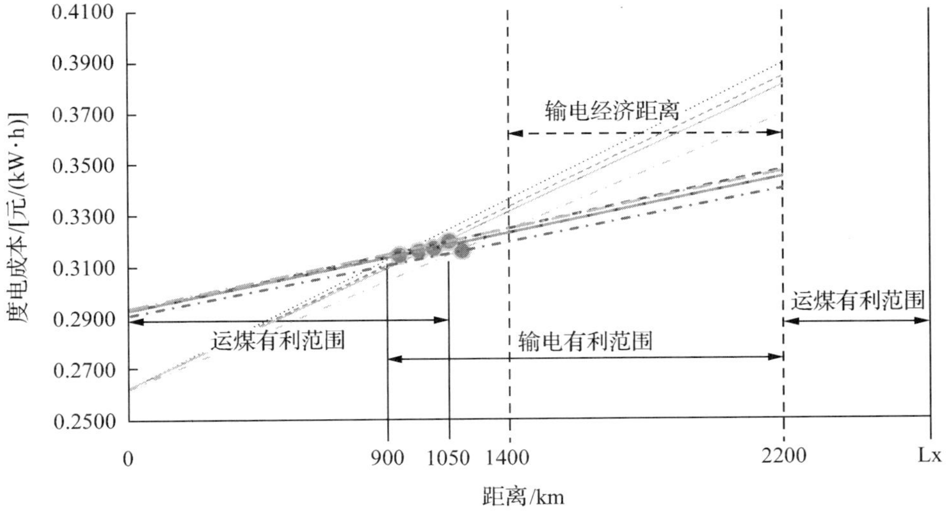

图 4-26　运煤输电有利范围图(直流±800kV 输电,新建普通双线运煤)

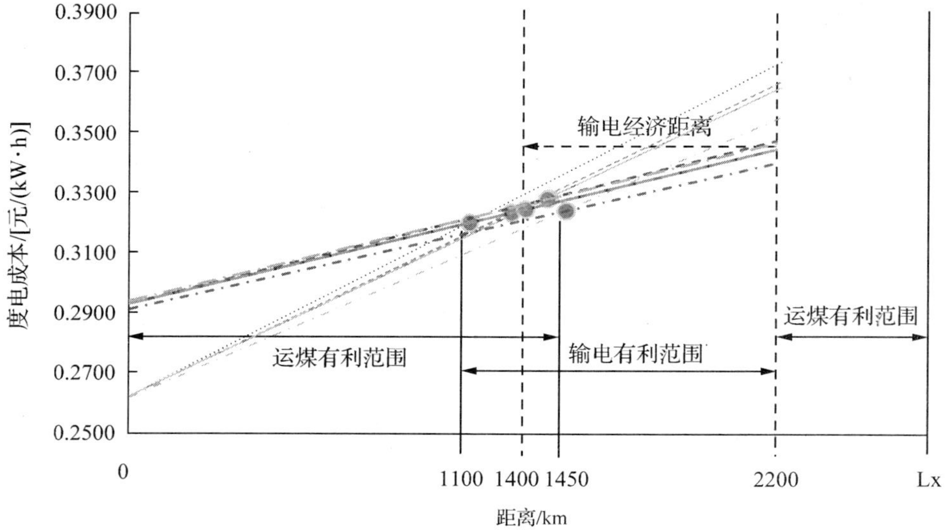

图 4-27　运煤输电有利范围图(直流±800kV 输电,新建运煤专线运煤)

第五章　运煤输电共用距离与可用范围

一、“共用距离”的内涵及其取值范围

运煤输电可接受共用距离，简称“共用距离”，是指因运煤、输电度电成本差对运煤、输电方案决策的影响在可接受范围内，而对运煤、输电方案都可采用的距离范围。

分析计算表明，在一定距离条件下，运煤、输电方案的度电成本的比较差，在数值上一般都不大，如图 5-1 所示。在零距离时度电成本比较差（ΔC_0）在 0.01～0.02 元/度（交流），而达到最大需要距离时，度电成本比较差（ΔC_L）普遍都在 0.01 元/度（交流）以下。若取 ε 为运煤、输电决策均可接受的运煤输电度电成本比较差，则运煤、输电共用距离的取值范围可按如下方法确定：

$$\frac{\Delta C_x}{L}=\frac{s}{L_s}$$

$$\frac{\Delta C_y}{L}=\frac{\Delta C_0+s}{L_s}$$

由此可得

$$s=\frac{\Delta C_x L_s}{L}$$

$$L_s=\frac{(\Delta C_0+s)L}{\Delta C_y}$$

将 s 代入上式，并经整理可得 A 点所对应的临界距离 L_s 的计算值，即

$$L_s=\frac{\Delta C_0 L}{\Delta C_y-\Delta C_x}$$

若在 A 点的两侧任取一点 B，B 所对应的距离为 L_b（见图 5-2），则又有

$$\frac{\Delta C_x}{L}=\frac{b}{L_b}$$

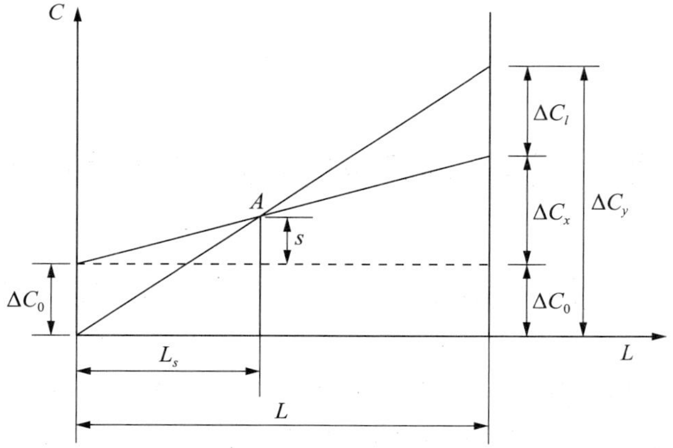

图 5-1　临界距离（L_s）示意图

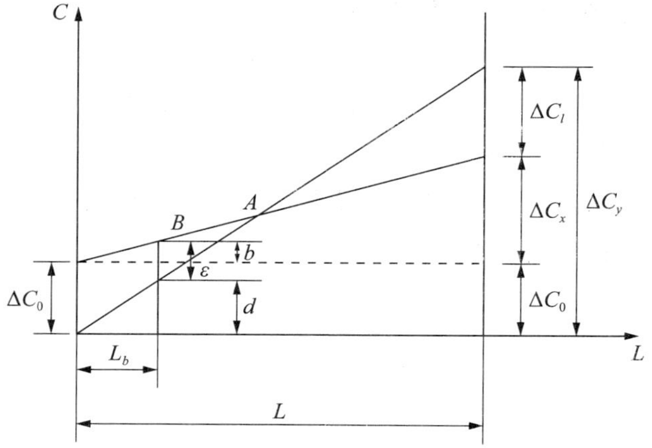

图 5-2　共用距离分析示意图

$$\frac{\Delta C_y}{L}=\frac{d}{L_b}$$

由此可得

$$b=\frac{\Delta C_x L_b}{L}$$

$$d=\frac{\Delta C_y L_b}{L}$$

由图 5-2 也可以看出

$$\varepsilon=\Delta C_0+b-d$$

将 b、d 代入上式，并经整理可得

$$\varepsilon = \Delta C_0 + \frac{L_b}{L}(\Delta C_x - \Delta C_y)$$

若给定 ε 值,则可按下式计算 L_b 值

$$L_b = \frac{(\Delta C_0 - \varepsilon)L}{\Delta C_y - \Delta C_x}$$

若在 A 点两侧的取值范围相同,则共用距离 ($L_{共}$) 应为

$$L_{共} = 2(L_s - L_b) = 2\left(\frac{\Delta C_0 L}{\Delta C_y - \Delta C_x} - \frac{(\Delta C_0 - \varepsilon)L}{\Delta C_y - \Delta C_x}\right) = \frac{2\varepsilon L}{\Delta C_y - \Delta C_x}$$

或写为

$$L_{共} = \frac{2\varepsilon L}{\Delta C_0 + \Delta C_l}$$

共用距离概念的引入,使得以可接受的运营成本增加量为代价,将运煤、输电有利范围加以扩展,可提高运煤、输电方案在电力工程中的兼容性和互补性。

如表 5-1 所示,对于方案 1-1,若取可接受的运煤输电度电成本差 ε=0.005 元,可计算得到运煤输电可接受的共用距离 $L_{共}$ 为

$$L_{共} = 488(\text{km})$$

将其他方案的共用距离计算结果汇总列于表 5-1,其中交流输电可接受的运煤输电度电成本差 ε = 0.005 元/度,直流输电取 ε = 0.008 元/度。结合表 4-10 中按基础数据计算的临界距离及表 5-1 的 $L_{共}$,可得运煤、输电共用距离的取值范围(见表 5-2 和图 5-3～图 5-8)。

表 5-1　运煤输电度电成本差和共用距离表

方案	ε/(元/度)	运煤、输电度电成本差/[元/(kW·h)]		运煤、输电度电成本变化量/[元/(kW·h)]		$L_{共}$/km
		ΔC_0	ΔC_l	ΔC_x	ΔC_y	
交流输电						
1-1	0.0050	0.0132	0.0002	0.0221	0.0355	488
2-1	0.0050	0.0128	−0.0009	0.0233	0.0352	546
3-1	0.0050	0.0202	0.0071	0.0272	0.0546	366
4-1	0.0050	0.0173	0.0045	0.0323	0.0541	460

续表

方案	ε/(元/度)	运煤、输电度电成本差/[元/(kW·h)]		运煤、输电度电成本变化量/[元/(kW·h)]		$L_{共}$/km
		ΔC_0	ΔC_l	ΔC_x	ΔC_y	
直流输电						
5-1	0.0080	0.0306	0.0353	0.0518	0.1178	534
5-2	0.0080	0.0314	0.0199	0.0518	0.1031	687

表 5-2　运煤输电共用距离取值范围表

方案	ε/(元/度)	$L_{共}$/km		临界距离/km	共用距离范围/km
		计算值	取值		
交流输电					
1-1	0.0050	488	490	642	400～890
2-1	0.0050	546	550	702	430～980
3-1	0.0050	366	370	735	550～920
4-1	0.0050	460	460	790	560～1020
直流输电					
5-1	0.0080	534	530	989	720～1250
5-2	0.0080	687	690	1306	960～1650

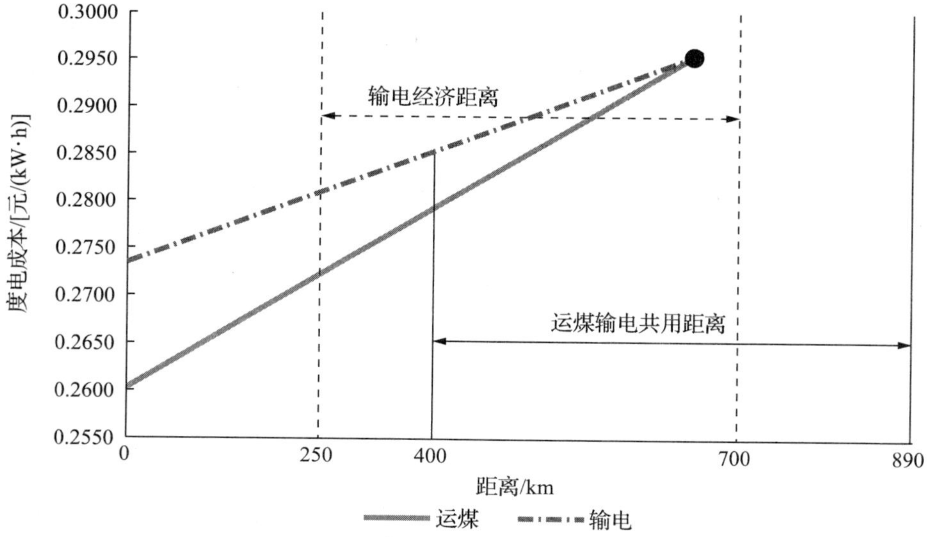

图 5-3　运煤输电共用距离范围图(交流 500kV、500 万 kW 输电，新建普通双线运煤)

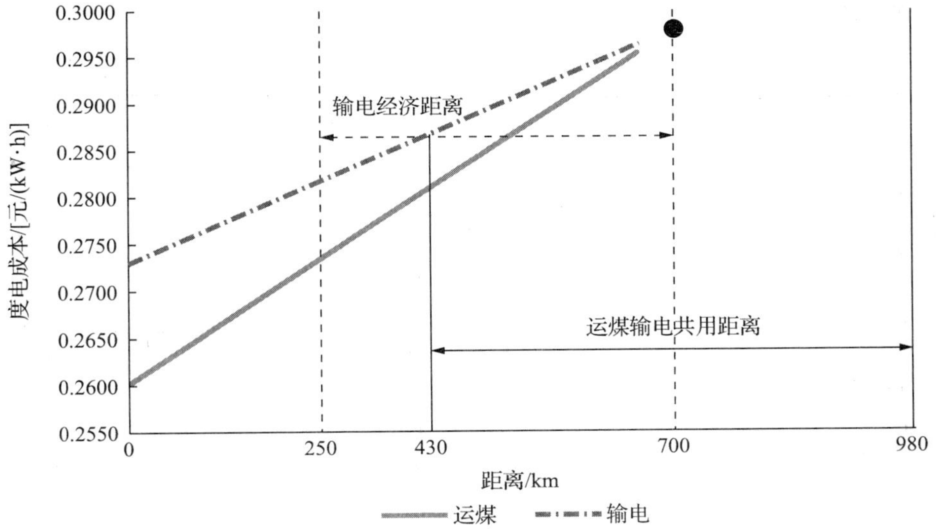

图 5-4　运煤输电共用距离范围图(交流 500kV、900 万 kW 输电，新建普通双线运煤)

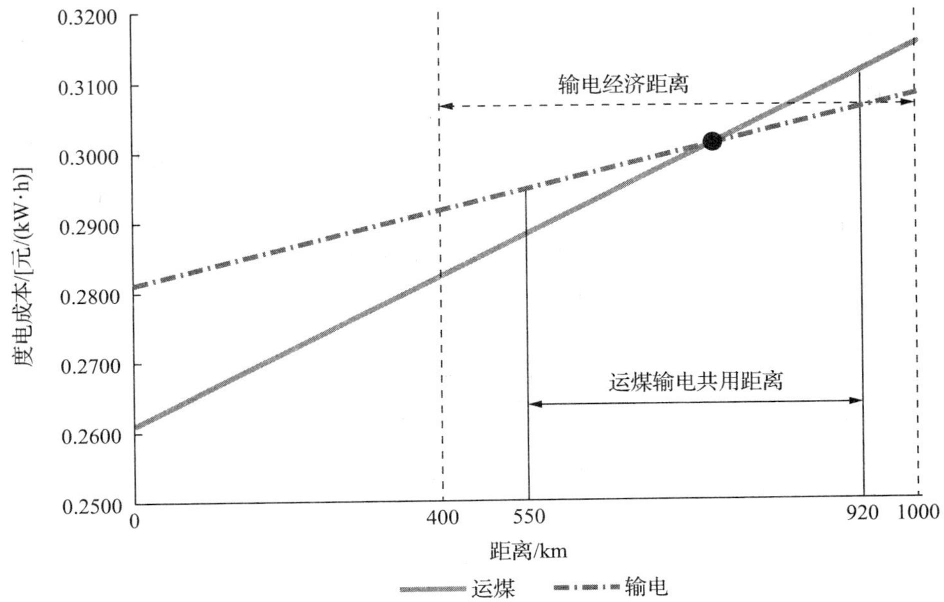

图 5-5　运煤输电共用距离范围图(交流 1000kV、500 万 kW 输电，新建普通双线运煤)

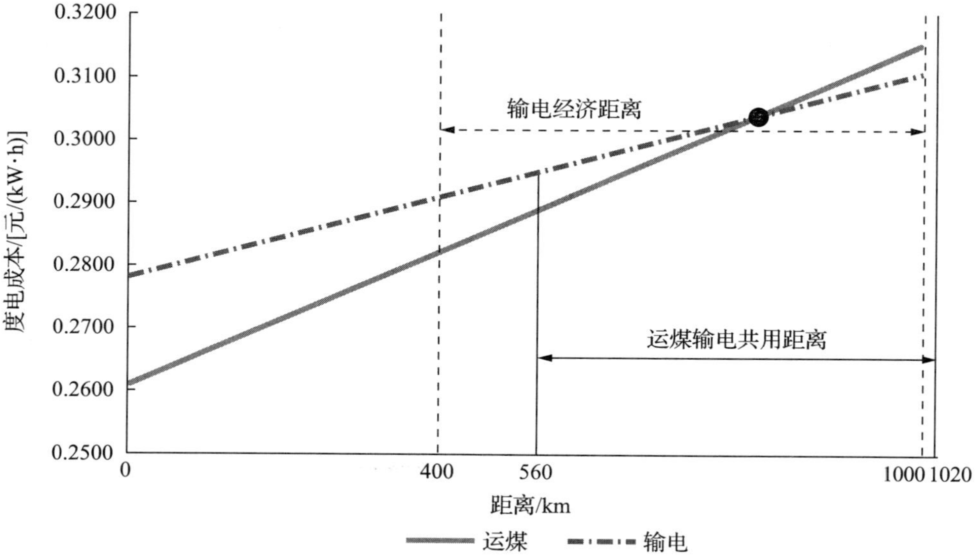

图 5-6　运煤输电共用距离范围图(交流 1000kV、900 万 kW 输电，新建普通双线运煤)

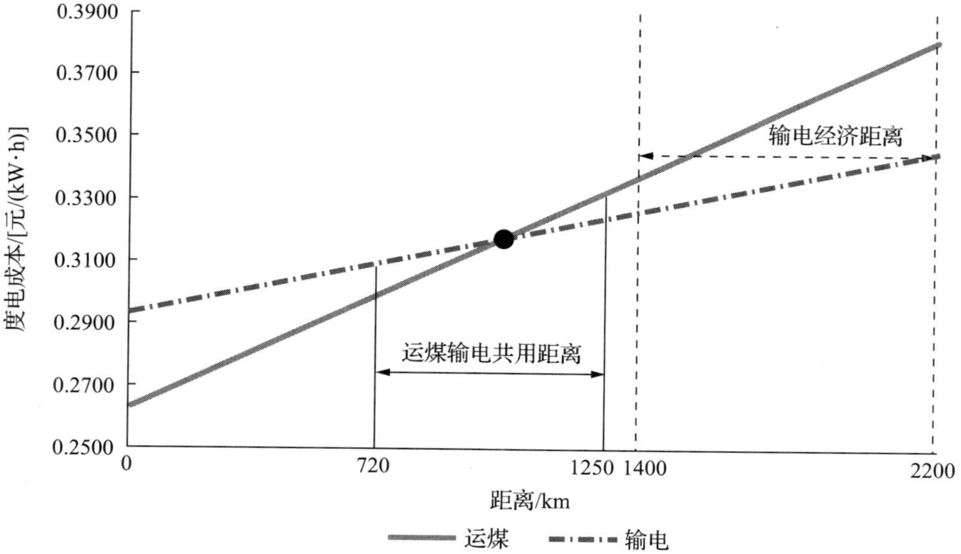

图 5-7　运煤输电共用距离范围图(直流±800kV、800 万 kW 输电，新建普通双线运煤)

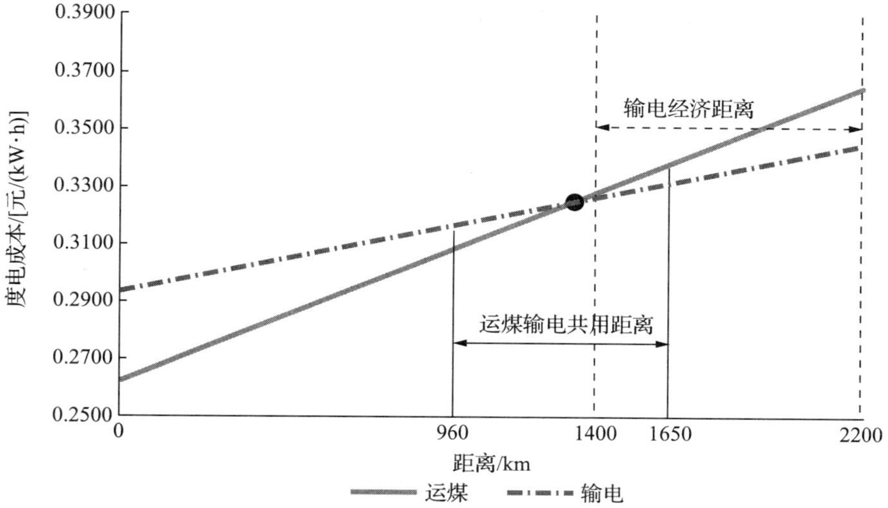

图 5-8　运煤输电共用距离取值范围图(直流±800kV、800 万 kW 输电，新建运煤专线运煤)

二、运煤输电可用范围

运煤、输电可用范围是指运煤、输电实际可使用的距离范围。对输电而言，其可用范围要受到基于其电压等级的经济输送距离①的限制。

1) 交流 500kV 情景下运煤输电方案的可用范围

根据表 5-2 的数据，对于交流 500kV、500 万 kW 输电，共用距离为[400,890]km，在其经济输送距离为 250～700km 的条件下，输电可用范围为 400～700km；

而运煤可用范围由两部分组成：

(1) 0～890km。

(2) 700km 至需要的最大运距(Lx)。

两部分可用范围相衔接，形成了 0～Lx 的可用范围。

对于交流 500kV、900 万 kW 输电，在共用距离为[430,980]km，在经济距离为 250～700km 的条件下，输电可用范围为 430～700km。

① 输电经济距离是指输电在经济上企业有效益的距离，是用来反映输电运营特征的指标。输电效益受电压、电容量、线损等因素的制约、经济距离是有限的。

而运煤可用范围由两部分组成：

(1) 0～980km。

(2) 700km 至需要的最大运距(Lx)。

两部分可用范围相衔接，形成了 0～Lx 的可用范围。

根据表 5-2 编制的运煤输电可用范围见表 5-3 和图 5-9、图 5-10。

表 5-3　运煤、输电可用范围汇总表

项目				交流输电				直流输电
				500kV		1000kV		±800kV
				500 万 kW	900 万 kW	500 万 kW	900 万 kW	800 万 kW
共用距离取值范围			新建双线	400～890	430～980	550～920	560～1020	720～1250
			新建专线	—	—	—	—	960～1650
可用范围/km	运煤	1	新建双线	0～890	0～980	0～920	0～1020	0～1250
			新建专线	—	—	—	—	0～1650
		2	新建双线	700～Lx	700～Lx	1000～Lx	1000～Lx	2200～Lx
			新建专线	—	—	—	—	2200～Lx
	输电		新建双线	400～700	430～700	550～1000	560～1000	720～2200
			新建专线	—	—	—	—	960～2200

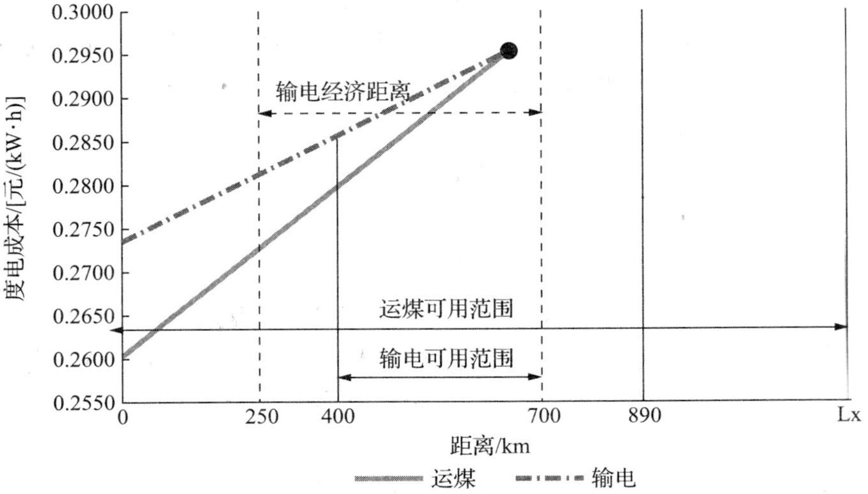

图 5-9　运煤输电可用范围图(交流 500kV、500 万 kW 输电，新建普通双线运煤)

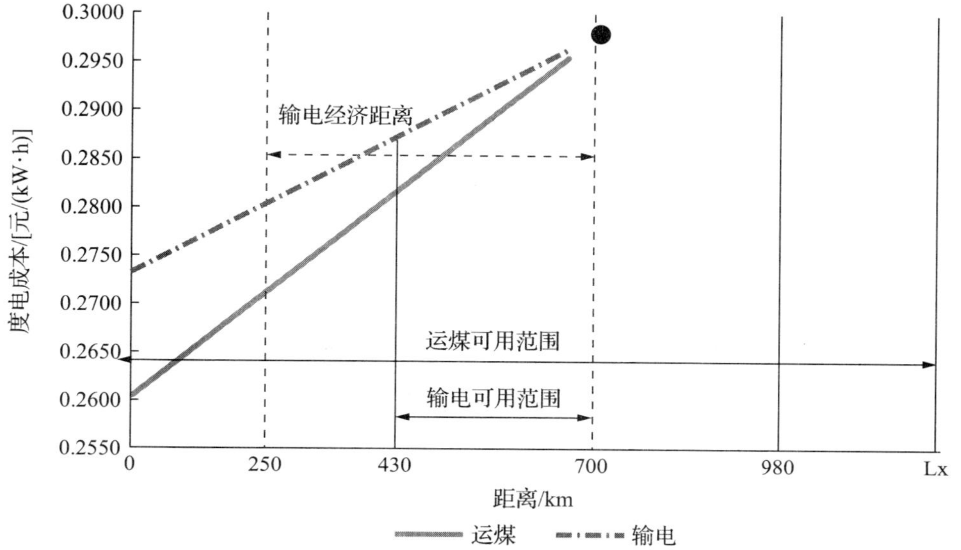

图 5-10　运煤输电可用范围图(交流 500kV、900 万 kW 输电,新建普通双线运煤)

2) 交流 1000kV 情景下运煤输电方案的可用范围

根据表 5-2 的数据,对于交流 1000kV、500 万 kW 输电,共用距离为[550,920]km,在经济距离为 400～1000km 的条件下,输电可用范围为 550～1000km。

而运煤可用范围由两部分组成:

(1) 0～920km。

(2) 1000km 至需要的最大运距(Lx)。

由于运煤第一段可用范围的上限与第二段可用范围的下限相差较小,可近似认为两段可用范围相衔接,形成 0～Lx 的可用范围。

对于交流 1000kV、900 万 kW 输电,共用距离为[560,1020]km,在经济距离为 400～1000km 的条件下,输电可用范围为 560～1000km。

而运煤可用范围由两部分组成:

(1) 0～1020km。

(2) 1000km 至需要的最大运距(Lx)。

两部分可用范围相衔接,形成了 0～Lx 的运煤可用范围。

此情景下运煤、输电可用范围见表 5-3 和图 5-11、图 5-12。

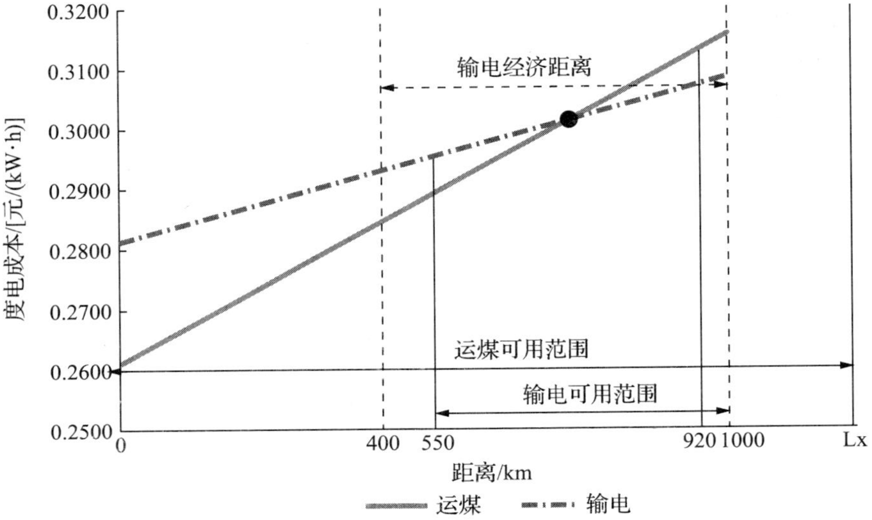

图 5-11　运煤输电可用范围图(交流 1000kV、500 万 kW 输电,新建普通双线运煤)

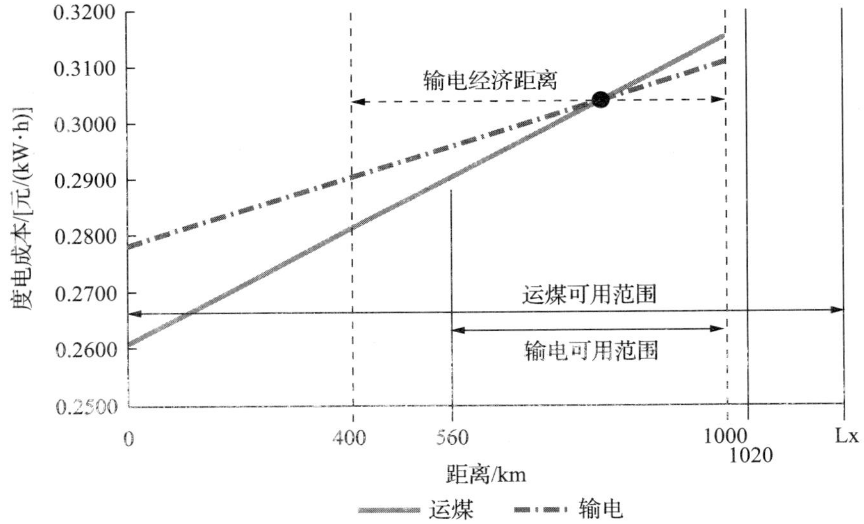

图 5-12　运煤输电可用范围图(交流 1000kV、900 万 kW 输电,新建普通双线运煤)

3) 直流±800kV 情景下运煤输电方案的可用范围

根据表 5-2 的数据,对于直流±800kV、800 万 kW 输电,共用距离为[720,1250]km(对比新建双线)和[960,1650]km(对比新建运煤专线),在经济距离为 1400～2200km 的条件下,输电可用范围为 720～

2200km(对比新建普通双线)和 960～2200km(对比新建运煤专线)。

而运煤可用范围由两部分组成：

(1) 0～1250km(新建双线)和 0～1650km(新建运煤专线)。

(2) 2200km 至需要的最大运距(Lx)。

此情景下运煤、输电可用范围见表 5-3 和图 5-13、图 5-14。

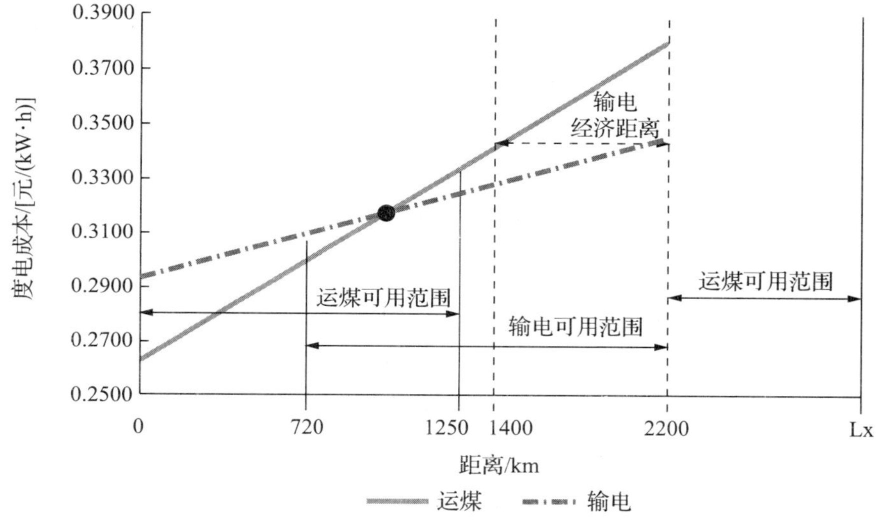

图 5-13　运煤输电可用范围图(直流±800kV 输电，新建普通双线运煤)

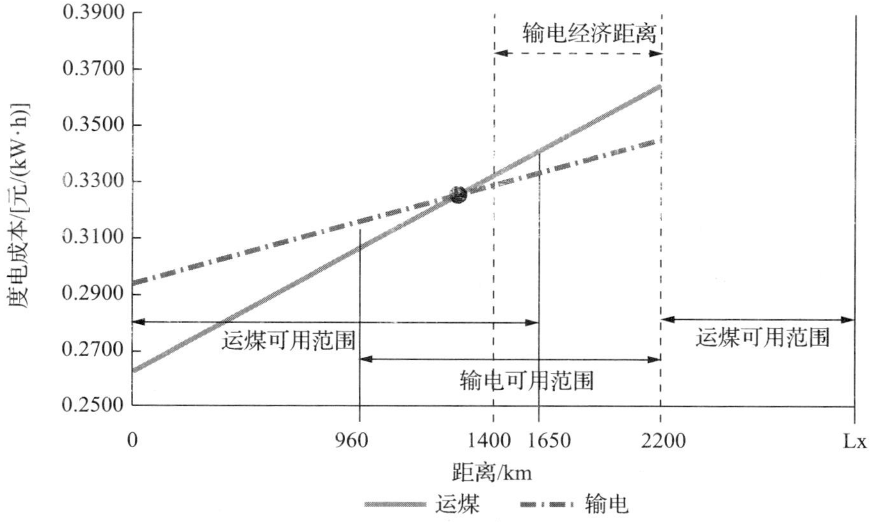

图 5-14　运煤输电可用范围图(直流±800kV 输电，新建运煤专线运煤)

第六章　运煤输电的节能、环保及社会影响分析

在运煤或输电工程的建设及在能源输送过程中必然产生能源消耗，并对沿线生态环境带来影响。因此，分析运煤输电的能源消耗和环境影响，对于制定能源外送战略和综合决策是十分必要的。

一、运煤输电能源消耗比较

不论是采用运煤方案将发电厂建在东部，还是采用输电方案将电厂建在西部，其电厂能耗相差不大，因此对于运煤输电两种方式，能源消耗比较主要是运煤或输电过程能耗的比较。

1）输电的能源消耗

交流输电损耗率计算公式如下：

$$\beta_{输电}=\beta_{变损}\times\frac{l_{线路}}{l_{变电站间}}+\beta_{线损}\times l_{线路} \tag{6-1}$$

式中：$\beta_{输电}$ —输电项目的损耗率，%；

$\beta_{变损}$ —变电站的损耗率，%/座；

$\beta_{线损}$ —交流输电线路损耗率，%/km；

$l_{线路}$ —交流输电工程线路长度，km；

$l_{变电站间}$ —输电工程变电站之间距离，一般取 300km。

直流输电损耗率计算公式如下：

$$\beta_{输电}=\beta_{换流}+\beta_{线损}\times l_{线路} \tag{6-2}$$

式中：$\beta_{换流}$ —换流损耗率，%；

$\beta_{线损}$ —直流输电线路损耗率，%/km；

$l_{线路}$ —直流输电工程线路长度，km。

表 6-1 为交流和直流输电损耗相关参数，当取 1000kV 交流输电工程线路长度为 1000km，500kV 交流输电工程线路长度为 650km，直流

输电工程线路长度为 2200km 时，输电工程损耗率可计算如下。

表 6-1　交流和直流输电损耗数据表

交流	变电站损耗	β_3（交流）	0.36%
	每千米 1000kV 交流输电线路损耗	β_4（交流）	0.00222%
	每千米 500kV 交流输电线路损耗	β_4（交流）	0.00645%
直流	换流站损耗	β_3（直流）	1.5%
	每千米直流输电损耗	β_4（直流）	0.00325%

1000kV 交流输电 1000km 的损耗率为

$$\beta_{1000\text{kV交流}} = \beta_t + \beta_l = 0.36\% \times \frac{1000}{300} + 0.00222\% \times 1000 = 3.42\%$$

500kV 交流输电 650km 的损耗率为

$$\beta_{500\text{kV交流}} = \beta_t + \beta_l = 0.36\% \times \frac{650}{300} + 0.00645\% \times 650 \approx 4.97\%$$

直流输电 2000km 的损耗率为

$$\beta_{\text{直流}} = \beta_{\text{换流}} + \beta_{\text{线损}} = 1.5\% + 0.00325\% \times 2200 = 8.65\%$$

2）运煤的能源消耗

运煤的能源消耗包括机车能耗、牵引变电站损耗、运煤途中的扬撒和倒装损耗，运煤的总能耗率如下：

$$\beta_{\text{运煤}} = \beta_{\text{牵引}} + \beta_{\text{机车}} + \beta_{\text{扬撒}} \tag{6-3}$$

式中：$\beta_{\text{运煤}}$ —运煤能耗率；

$\beta_{\text{牵引}}$ —牵引供电损耗率；

$\beta_{\text{机车}}$ —机车能耗率；

$\beta_{\text{扬撒}}$ —运输过程中的扬撒损耗率。

运煤能耗率中牵引供电站损耗率为 0.36%，机车能耗率为 2.4%[9]。由于铁路煤炭运输采用抑尘措施，损耗已降到很低，运输过程的损耗率大约为 0.3%，所以，牵引供电站损耗率，机车能耗率及运输过程扬撒损耗率总计为

$$\beta_{\text{牵引}} + \beta_{\text{机车}} + \beta_{\text{扬撒}} = 3.06\%$$

可见，从能耗角度看，运煤能耗小于输电能耗。

输电的损耗较大，但是输电可以实现能源的远距离快捷输送，其优势是可以通过“风-水-火”打捆外送的方式，对西部的风电、水电等可再生能源进行远距离输送，具有较高的能源综合利用价值。

二、运煤输电线路建设期及运营期对环境的影响

铁路运输虽然在环保方面相对于汽车等运输方式有着明显的优越性，然而它也有环境污染问题。与铁路一样，输电线路、变电（换流）站的建设和运行，也必然带来环境影响。

（一）运煤线路建设期间对环境的影响

铁路工程建设项目施工周期较长，施工期对环境的影响较大，隧道开挖、桥梁施工和填筑路基等土石方工程均会对环境造成不利影响。在建设阶段，铁路工程对环境的影响主要是改变地貌、占用土地、破坏植被等。

1）对土地资源的影响

铁路建设期间，临时设施、临时房屋和取弃土场等要占用很多土地，有的还会造成青苗损失。由于开挖路堑、取土填筑路堤、开凿隧道等，对山坡及表土搅动较大，使周围植被遭到破坏，易产生局部水土流失。同时，铁路工程施工中存在大量的弃土弃渣。若对此处置不当，暴雨作用下产生的泥石流会危害农田，淤积河沟，破坏水利设施，并影响周围自然风貌。

2）对水环境的影响

施工生产、生活废污水，会使地面水受到污染。在桥墩施工中，挖坑排水会使水质的含泥沙量有所增加。

3）施工噪声影响

开山放炮或机械化施工路段，由推土机、挖掘机、装载机等施工机械产生的噪声，将对周围环境产生一定的影响。

4）对大气环境的影响

在气候干燥的季节施工时，土石方施工现场的二次扬尘是污染大气的主要因素。机械化施工路段，燃油施工机械排放的尾气，如 CO、SO_2 等会增加该路段的大气污染。

（二）输电线路建设期间对环境的影响

1）对土地资源的影响

输电线路修建过程中对山坡及表土搅动较大，会使周围植被遭到破坏。

2）对水环境的影响

施工过程中生产生活产生的废污水将对环境产生影响。

3）施工噪声影响

施工过程中爆破产生的巨大噪声和由施工机械产生的噪声，将对周围环境产生一定的影响。

4）对大气环境的影响

在气候干燥的季节施工时，土石方施工现场的二次扬尘是污染大气的主要因素。机械化施工时，燃油施工机械排放的尾气，如 CO、SO_2 等会增加大气污染。

建设期间，铁路相对于输电线路，对环境的影响要大。

（三）运煤线路运营期间对环境的影响

煤炭运输会对铁路沿线带来一定的污染。

1）对大气环境的影响

煤炭运输对大气污染的部分来源是内燃牵引线路上的内燃机车。它们排放的污染物主要成分为 SO_2、NO_x、CO、烟尘等。

2）对水环境的影响

铁路对水体的污染主要来源是各站段的生产、生活污水，以及内燃牵引线路上内燃机车留下的油污，造成沿线附近的水体的污染。

3）运行噪声影响

列车运行噪声对铁路沿线居民聚集区和铁路穿越城市的市区都会

产生干扰。铁路货运站、编组站、机务段、车辆段也会产生一定的噪声，从而对周围环境造成影响。

4）电磁环境影响

电气化铁路的电磁波对环境的影响不容忽视。

5）振动影响

据有关资料，列车运行过程的垂向加速度直接导致铁路两侧的环境振动。

当前铁路部门已经采取措施，将铁路建设可能造成的环境影响降低到最低程度。并采取了以下降低铁路运输对环境影响的措施：加强铁路沿线生态环境保护，建设铁路绿色长廊；加强铁路噪声防护；加强铁路电磁防护；合理安排物流中心和货站的位置。

（四）输电线路运营期间对环境的影响

输电线路投入运行后，较施工期对环境影响的强度大大降低，但运营过程是长期的，这就决定了它对周围环境的影响成为整个工程对环境影响最主要的方面。输电线路运营期对环境的影响主要有以下三方面。

1）运行噪声影响

特高压输电变电所运行期间，变压器、电抗器和室外配电装置等电气设备会产生电磁噪声，工作时设备的本体噪声约在75dB(A)，以低中频为主，其特点是连续不断，传播距离远。开关站内的短路器、为变压器送风的冷却风机在正常工作时都会产生一定噪声，均会对周围居民的生产生活造成一定影响。

2）电磁影响

特高压输电线路和变电场运行产生的无线电干扰，会影响周围居民的通信和电视信号的接收。

3）对水环境的影响

超高压输电变电所会间断地产生一些生活污水，从而对周围环境造成一定影响。

综上所述，运煤输电线路的建设和运营期都会对沿线环境和居民生活造成多方面的影响，铁路的噪声对沿线的影响更大。

三、电厂及线路占地面积比较分析

不管是运煤方案还是输电方案，最终将煤炭转换为电能都需要在能源受端或送端建设电厂，两端建设电厂占地基本相当。在中西部煤炭资源富集地发展大规模坑口电厂的征地费用比东部地区低廉得多，而且可以充分利用主产区开采后废弃的工矿地等劣质土地建电厂，不必占用新的土地资源[9]。而东部负荷中心，综合地价比中西部地区高昂许多。发展坑口电厂，可利用煤矸石发电，因而可以减少煤炭产区的大量煤矸石占地，节省燃煤电厂存煤场地的占地等，从整体上提高国家土地资源的利用效益。

线路占地面积方面，分为通道走廊占地和直接占地两部分。从通道走廊来看，年运力 2 亿吨的运煤专线相当于 12 回±800kV 直流线路或 8 回±1100kV 直流线路的输送能力，因此，在输送相同能源容量的情况下，输电方案实际占用的走廊用地显著大于运煤方案；在直接占地方面，运煤通道的占地包括送端集运站、输煤铁路干线、中转港站等的战地，其中铁路是地面输煤通道，全线排他性直接占用土地；输电通道是空中走廊，只有变电站（或换流站）和塔基占用土地，输电走廊下的土地可作为耕地或植被加以利用，还可以种植低矮农作物和经济作物。

四、碳排放与 $PM_{2.5}$ 的环境治理成本

运煤与输电线路在能源输送过程中基本不产生温室气体，而燃煤发电厂煤炭燃烧会产生温室气体及 $PM_{2.5}$[10]。在此，仅需比较通过铁路运煤至用电负荷区电厂发电与在煤炭坑口地区建设发电厂然后输电至用电负荷区两种方案对于发电厂所在区域碳排放及 $PM_{2.5}$ 的影响，以及相关治理成本的高低。

火力发电过程中产生的大气污染物有 SO_2、NO_x、CO_2 和烟尘，其中 SO_2 会造成酸雨的产生，而 NO_x 是光化学烟雾的主要诱发因素之一，CO_2 会导致气候变暖。日常发电还是 $PM_{2.5}$ 的产生源。

当前我国已经把 $PM_{2.5}$ 作为衡量空气污染程度的重要指标。$PM_{2.5}$ 粒径小，富含大量的有毒、有害物质且在大气中的停留时间长、输送距离远，因而对人体健康的影响更大。

由于我国各地区经济发展水平、人口密度及环境容量的差异，发电污染造成的经济损失也不同，这就形成了不同地区的发电厂外部经济性的差异。

1）由于环境容量的限制，东部发展煤电空间较小

我国东中部地区大量发展煤电，导致酸雨等环境污染问题严重，并频繁出现雾霾，引起社会高度关注。以煤为主的能源结构和直燃煤比重过高是引发雾霾污染的重要原因。根据国家发展改革委员会《关于加大工作力度确保实现 2013 年节能减排目标任务的通知》(发改环资[2013]1585 号)文件的要求，要对长江三角洲、珠江三角洲和京津冀鲁等地区实施煤炭总量控制以限制污染[11]。

2）东部发展煤电环境治理成本较高

我国东部大气污染物及碳排放已超过其环境承载力。另外，受端地区经济比较发达，其人口密度、人均 GDP 较高，污染物及碳排放造成的经济损失大大高于西部送端地区。研究表明，中东部地区单位 SO_2 排放造成的经济损失是西部和北部地区的 4.5 倍[12]。

发电厂需要进行环境治理，包括脱硫脱硝、除尘、化学水处理、粉煤灰处理与处置等。由于东部地区经济发达，劳动力成本较高，且污染较西部地区更为严重，发电带来的污染在治理上费用更高，故在东部地区除尘费用与粉煤灰处理与处置也是环境综合治理中占比例较高的一项。而西部地区的发电环境治理成本较小。西部地域广阔、人口密度小，在煤炭基地建立坑口电厂，并对附近居民妥善拆迁安置，可以有效降低发电过程产生的废气及固体颗粒对于居民健康的影响。

通过控制中东部地区新增煤电规模，加快推进西部地区煤电基地

集约化开发，改造关停小机组并加装脱硫设施，中东部地区的温室气体排放总量可逐步降低。研究表明，在送端地区统筹规划建设大型坑口电站，并通过特高压跨区输电线路将电力输送到中东部地区，可以使中东部地区实现减排。

综上所述，东部燃煤发电的政策限制门槛和环境治理成本明显高于西部，故输电方案对于缓解目前东部地区较为严重的环境污染问题具有重要作用。

五、水资源的约束

虽然中西部地区煤炭资源丰富，但这些地区往往都是缺水地区。湿冷机组燃煤电厂是耗水大户，常规 2×330MW 湿冷机组火电厂年用水量在 1000 万 m^3 左右，2×600MW 湿冷机组火电厂年用水量在 1500 万 m^3 左右。这些地区建设火电厂如何解决其用水是首要问题。2012 年国际环保组织绿色和平发布报告《噬水之煤——煤电基地开发与水资源研究》[13]（下面简称《研究》）指出：到 2015 年，内蒙古、陕西、山西、宁夏等西部煤电基地大规模开发每年将消耗至少近 100 亿 m^3 的水，这将加剧西部省区已经显现的缺水危机。《研究》指出，西部省区大型煤电基地的规划规模与现状供水能力存在明显的供需矛盾，亟需评估水资源过度使用造成的环境后果及煤电基地建设的合理性。特别是内蒙古、宁夏、山西、陕西等省区水资源需求和供给缺口很大，需要通过调整用水分配规划加以缓解。

为了缓解西部发电缺水这一问题，目前风冷机组发电技术已经成熟。虽然风冷机组一次性投资大，运行效率较低，年运行费用较高，但是在节水方面与湿冷机组相比具有优势[14]。与湿冷机组相比，风冷机组的供电煤耗大约会增加 8%。目前，在我国山西、内蒙古等既是缺水区域又是富煤区域的煤电基地，采用了先进、清洁、高效的发电技术——高温超临界风冷机组燃煤发电技术（25MPa/600℃/600℃，电厂效率可达到 44%以上）和清洁煤发电技术，既可节水，又能降低煤耗和污染物的排放。

中西部地区的风能源条件较好，但电力负荷水平低，系统规模小，风电资源无法就地消化。风电单独远距离传输经济性差，同时，风电频率的频繁不规律波动不利于电网的安全稳定运行。对风电与煤电资源风度的西部地区来说，若采用风电、火电捆绑外送，并对风电、火电的功率进行调节，可减少输电线路功率波动，有利于电网的安全稳定，并降低输电成本。

六、运煤输电对社会经济的影响

随着煤炭加工业的发展，洗煤产量逐年增加，洗中煤和煤矸石量不断增多，这部分煤炭资源含灰分高，发热量低，外运效益不高，但供应坑口电厂比较合适。所以建设坑口电厂能消化大量的煤矸石和洗中煤，有利于降低电厂的购煤成本，提高煤矿的经济效益，而且社会效益也较好。

煤炭是初级资源产品，其附加值低，煤炭产区的资源优势不能有效转化为经济优势。输电方案可以提高中西部煤炭基地地区的煤电转化比重，可以延长煤炭产区煤炭开发利用产业链，对当地经济发展的综合拉动作用更为明显，有利于缩小我国地区之间的发展差距，优化区域分工，促进产业结构调整。经测算，运煤、输电两种能源输送方式对山西省 GDP 的贡献比约为 1 ∶ 6，对就业的拉动效应比约为 1 ∶ 2[15]。因此，中西部地方政府将煤转化为电的积极性高，并在政策上予以优惠。另外，中西部地区的劳动力成本也较低，有利于降低电厂成本。

第七章　运煤输电的可靠性分析

可靠性比较是运煤与输电两种方式比较的重要组成部分。

工程中常用的可靠性定义为：元件、设备或系统等在规定的条件和预定的时间内，完成其规定功能的概率。其中，概率是表达系统可靠性水平的量化信息。

运煤的可靠性是指煤炭运输送达时间的稳定或可靠程度，亦即指按计划准时送达煤炭的度量。

输电的可靠性主要是指输电系统按可接受的质量标准和所需数量不间断地向电力用户供应电能能力的度量。

影响运煤输电可靠性的因素包括运煤输电抵御自然灾害的能力和运煤输电过程的安全性。

一、抵御自然灾害能力分析

进入 21 世纪以来，全世界范围内干旱、洪涝、高温热浪和低温冷害等极端气候现象频发，地质灾害也时有发生。近几年我国发生的数次台风以及 2008 年年初南方数省遭遇的冰冻气候、地震均对我国煤炭能源输送造成了破坏，在运煤输电方案对比过程中，自然灾害的影响是一项需要重点关注的问题。

（一）运煤抵御自然灾害能力分析

我国每年用电负荷高峰期集中出现在季夏和冬季，夏冬两季也是台风、强降雨或雨雪冰冻等极端恶劣气候高发阶段，时常会造成某个区域铁路运输中断，造成短期内电煤输送受限，进而影响到电企发电。

运煤铁路大都为电气化铁路，自然灾害导致铁路运输中断一般有两种情况，即线路受损或电力系统出现故障。目前，针对天气突变、行车事故、设备故障等因素可能带来的非正常情况，铁路部门制定了相应的应急预案。当线路中断时，铁路部门会对线路进行快速抢修，也可安排列车绕行其他线路。当运输线路所在地区电力系统发生故障导致线路供电中断时，可将内燃机车牵引作为应急措施。长期的经验积累及完善的应急预案，能够确保铁路发生故障后在较短的时间内修复线路或调配内燃机车，并大大缩减了灾害后线路恢复正常运营的时间。

此外，为保证电煤的优先供应，国务院已经批准通过国家煤炭应急储备预案即国家委托煤企、电企等在煤炭重要集散地、关键运输枢纽等地储备煤炭，用于应对煤炭供应中断和严重不足等紧急状况，增强在重大自然灾害和突发事件状态下的煤炭供应保障能力，保持经济平稳运行。

2012 年上半年的调研显示，各发电企业煤炭库存量大都在 15 天以上，其中，五大发电集团下属发电厂库存量更为充足。这就对铁路运煤可能出现的意外情况做了充分的准备，即便运煤线路遭遇极端情况而造成运输中断，发电企业也能在长达两周的时间内按照计划正常发电，即铁路运输部门有足够的时间来处理运输故障。

(二) 输电抵御自然灾害能力分析

2008 年年初，我国长江以南部分省份先后遭遇低温雨雪冰冻气候，贵州、湖南、江西、广西和浙江等省份电力设施损坏严重，部分输电线路断裂，输电线路铁塔倒塌，从而致使发电受阻，多片电网解列，一些地区电网大面积停电，对当地生产生活造成了严重的影响。

再如 2005 年 9 月 26 日，海南省海口市遭受台风“达维”袭击，严重破坏了当地电力设施，引发部分电厂连续跳机解列，最终系统全部瓦解，导致罕见的全省范围大面积停电。事故发生后，海南电网紧急启动“黑启动”方案，经过 5 个小时的调度抢修之后，基本实现主力机组先后启动并网发电，并逐步扩大系统的恢复范围，最终实现整个系统的恢复和供电。

总的来说，电力行业充分吸取了近年来电力系统遭受自然灾害的历史教训,采取了一系列措施,从电力规划、工程设计、工程建设、调度运行、发电企业和电网企业管理等方面,加强电力系统抗灾能力,输电方式的能源供应安全水平有所提高。

二、安全性分析

(一) 煤炭运输安全性分析

煤炭在长距离运输中因长时间封闭高温容易引发自燃事故,进而引发火灾。但是这些事故的发生概率在采取安全措施后可以显著降低,产生的影响也可以控制在一定范围内,而且单次煤炭运输容量有限,事故造成的煤炭损失相对较少,对能源供应总体安全不会构成较大影响。

铁路运输在生产过程中发生行车、货运事故也会对煤炭运输安全性造成影响,但一般来说,铁路运输事故率较低。即便发生事故,影响范围有限,也能较快恢复生产,对煤炭运输安全性影响不大。

(二) 高压输电安全性分析

中国国家电力监管委员会 2012 年 9 月份发布的《2012 年上半年电力安全生产情况》显示,2012 年上半年,广西、广东、海南、陕西、贵州、湖南、江西、西藏等省区发生 11 起电网停电事件,造成共约 50 万户电力用户停电,对电网安全运行造成一定影响。全国共发生经济损失 100 万元以上的一般电力设备事故 4 起,直接经济损失约 2500 万元。

输电过程采用特高压直流或交流输电线路,长距离输电过程中有可能会由于各种因素的影响导致电力输送中断,或者由于受端系统故障而暂停接受输电。电力输送的中断会直接影响当地电力需求,影响工业正常生产和居民正常生活。较铁路运煤中断,输电中断造成的影响更为明显。

综上所述,运煤输电两种能源输送方式的安全性都是可以接受的。不过,相对而言,运煤方案的安全性较输电方案更高一些。

第八章　结　　论

现有运煤、输电的比较研究通常是以具体工程为研究对象，即通过输电工程与对应的铁路运煤工程的分析比较，来论证运煤工程或输电工程的有利性。这些研究具有针对性强、计算简单的特点。不过，通过上述方法得到的运煤输电临界距离，只是局限于某一具体工程。针对上述问题，本课题从一般理论分析入手，提出了适用性较强的运煤输电临界距离计算方法。同时，为了验证计算方法的实用性，就几类输电工程及相应的铁路运煤工程组合的案例，开展了计算分析。

通过研究得出以下结论：

（1）运煤与输电方案的比较临界距离是由相关因素决定的综合性指标，这些相关因素包括煤种、煤价，电厂建设投资和电厂运维费用、输电线造价和输电运维费用，铁路造价和运价、运营成本，以及新建双线和运煤专线运输能力等。因此，案例中所计算的运煤与输电比较的临界距离是在相关因素被选定条件下的特定值。

（2）由相关因素不确定性而引发的临界距离不确定性特征，决定了临界距离是随着相关因素变化而变化的。因此，临界距离不是一个确定性的数值，而是具有一定区间长度的取值范围。不同时间、地点，铁路和电网建设投资成本以及相关费用不同，临界距离也有所不同。

（3）实际计算中，存在某一距离范围，在这一距离范围内、运煤与输电两种方式的度电成本相差甚小，对运煤、输电决策的影响在可接受范围内，则在这一距离范围内，任选运煤或输电方案在经济上都是可以接受的。

（4）在计算参数选用一定数值条件下①，500kV 交流输电与新建普

---

①　取发热量为5500大卡煤种；新建普通双线铁路造价6000万元/km，运煤专线7323万元/km；交流500kV输电变电站投资150000～240000万元，输电线每千米投资600～1200万元；交流1000kV变电站投资450000～600000万元，输电线每千米投资800～1800万元；±800kV直流输电变流站投资1270000万元，输电线每千米投资750万元；可接受的运煤输电成本差为0.005元/度电（交流输电）和0.008元/度电（直流输电）。

通双线运煤方案比较，输电可用范围为 400～700km，运煤可用范围不受限制；1000kV 交流输电与新建普通双线运煤方案比较，输电可用范围为 550～1000km，运煤可用范围不受限制；±800kV 直流输电与运煤专线方案比较，输电可用范围为 960～2200km，运煤可用范围为 0～1650km。实际上，由于铁路运输适应性强，凡输电可用范围以外的运输需求都可以选用运煤方案。

（5）从能耗角度看，运煤方案较低。

（6）从环境角度看，输电方案对于全国尤其是东部发达地区环境影响相对较小。

（7）从占地规模看，建设 1 条年运量 2 亿 t 的运煤专线，相当于建设 12 回±800kV 直流输电线路，运煤方案可节省输送线路走廊占地。不过，在直接占地方面，输煤通道属排他性直接占用土地；而输电通道走廊下的土地作为耕地或植被加以利用。

（8）从地区经济社会发展角度看，开展坑口发电和输电有利于延伸西部地区产业链，增加就业，带动西部地区经济发展，缩小东西部经济差距。但西部地区缺水，使输电方案受到一定限制。此外，输电可通过“风-水-火”打捆外送的特点，对西部的风电、水电等可再生能源实现远距离输送，具有较高的可持续能源综合利用价值。

（9）从安全角度看，运煤与输电都是可靠的。由于煤炭可以储存，在非常情况下，运煤的可靠性相对略高。

（10）就总体而言，运煤与输电缺一不可，应协同发展；就每个项目而言，要具体问题具体分析，应在对运煤方案和输电方案各自优势进行分析比较的基础上，因地制宜选取其中优势较强的方案。但应该指出，如果铁路运价还再提高，将影响其竞争能力。

参考文献

[1] 张金霞. 特高压等级及输电方式的选择[J]. 青海大学学报(自然科学版)，2007，01：14-18.

[2] Jain L C. Economics of Power Transmission Versus Coal Transportation[R]. New Delhi：Central Electricity Authority，2001.

[3] Ibrahim Dincer，Sadik Dost. Energy and GDP[J]. International Journal of Energy Research，1996，21(4)：153-167.

[4] 李儒魁，胡炳荣，谭显第，等. 准格尔向东北地区输煤送电比较[R]. 北京：东北电力设计院，华北电力设计院，1987.

[5] 冯飞，石耀东，杨建龙，等. 我国能源输送方式研究[R]. 北京：国务院发展研究中心产业经济研究院，2005.

[6] 韩丰，赵彪，刘海波，等. 煤电运综合平衡分析[R]. 北京：国电动力经济研究中心，2005.

[7] 刘海波，韩丰，赵彪，等. 输煤与输电经济性分析[R]. 北京：国电动力经济研究中心，2004.

[8]《输煤输电比较研究》课题组. 输煤输电比较研究[R]. 中国工程院，2012.

[9] 陈小毅，周德群. 关于我国煤电产业布局重构的战略思考[J]. 科技管理研究，2010，10：201-203，207.

[10] 王志轩，我国燃煤电厂烟尘排放与控制[J]. 中国电力企业管理，2010，1：28-31.

[11] 国家发展改革委员会. 关于加大工作力度确保实现2013年节能减排目标任务的通知(发改环资[2013]1585号)[EB/OL]. http://www.sdpc.gov.cn/zcfb/zcfbtz/201308/t20130827_555124.html [2014-12-10].

[12] 白建华. 坚强智能电网发展方式及其效益研究[J]. 能源技术经济，2010，10(22)：1-6.

[13] 中国科学院地理科学与资源研究所. 噬水之煤——煤电基地开发与水资源研究[M]. 北京：中国环境科学出版社，2012.

[14] 王桂斌. 发电机组“水冷”与“空冷”技术方案比较[J]. 煤矿现代化，2010，2：93-95.

[15] 国网能源研究院. 输煤输电综合比较研究[R]. 北京：国网能源研究院，2009.

附录 A　既有线运煤与输电情景组合方案分析计算

A1　既有线运煤与输电情景组合方案度电成本计算

A1.1　既有线运煤与输电情景组合方案基础数据

在分析计算中，方案的基础数据见表 A-1、表 A-2。

表 A-1　运煤、输电工程基础数据表

工程项目	输电方案	1	2	3	4	5
	交直流	交流				直流
输电工程	电压/kV	500	500	1000	1000	±800
	容量/kW	500 万	900 万	500 万	900 万	800 万
	输电距离/km	650	650	1000	1000	2200
	变电(换流)站投资/万元	150000	240000	450000	600000	1270000
	每千米输电线投资/(万元/km)	600	1200	800	1800	750
	耗煤量/万 t	1100	1980	1078	1940	1839
运煤工程	运煤方案	3	3	3	3	3
	运输距离/km	722	722	1111	1111	2444

表 A-2　运煤输电方案度电成本计算基础数据表

数据类型	项目	符号	数据	单位
既有线运煤通用数据	标煤售价	e_{11}	405	元/t
	煤种 i 的发热量	F_i	5500	大卡
	标煤发热量	$F_{标}$	7000	大卡

续表

数据类型	项目		符号	数据	单位
既有线运煤通用数据	运煤损耗率		β_1	0.3%	—
	铁路运价固定部分		$e_{12固}$	15.5	元/t
	铁路运价可变部分		$e_{12变}$	0.134	元/(t·km)
	运煤距离	交流 500kV	$L_{运煤}$	722	km
		交流 1000kV		1111	
		直流		2444	
输电通用数据	标煤售价		e_{21}	405	元/t
	电厂建设固定资产投资回收期		n_2	25	年
	受端电厂度电运维费用		e_{131}	0.104	元/(kW·h)
	受端电厂机组单位容量造价		e_{132}	3675	元/kW
	坑口电厂度电运维费用		e_{231}	0.104	元/(kW·h)
	坑口电厂机组单位容量造价		e_{232}	3883	元/kW
	电厂年发电小时		$t_{电}$	5000	小时/年
	受端电厂度电标煤消耗量		$\gamma_{电}^{运煤}$	3.0×10^{-4}	t/(kW·h)
	坑口电厂度电标煤消耗量(风冷)		$\gamma_{电}^{输电}$	3.3×10^{-4}	t/(kW·h)
	变电站损耗		β_3(交流)	0.36%	—
	每千米交流输电线路损耗(1000kV)		β_4(交流)	0.00222%	—
	每千米交流输电线路损耗(500kV)		β_4(交流)	0.00645%	—
	换流站损耗		β_3(直流)	1.5%	—
	每千米直流输电线路损耗		β_4(直流)	0.00325	—
	输电距离	交流 500kV	$L_{输电}$	650	km
		交流 1000kV		1000	
		直流		2200	
	年输电运维费用占输电工程总投资比例	交流	$\lambda_{运}$	2.5%	—
		直流		3.0%	
	变电(换流)站投资	交流 500kV、500 万 kW	$E_{变流}$	150000	万元
		交流 500kV、900 万 kW		240000	
		交流 1000kV、500 万 kW		450000	
		交流 1000kV、900 万 kW		600000	
		直流、普通双线		12700000	

续表

数据类型	项目		符号	数据	单位
输电通用数据	每 km 输电线投资	交流 500kV、500 万 kW	e_{222}	600	万元/km
		交流 500kV、900 万 kW		1200	
		交流 1000kV、500 万 kW		800	
		交流 1000kV、900 万 kW		1800	
		直流		750	
	年耗煤量	交流 500kV、500 万 kW	$Q_{耗煤}$	1100	万 t
		交流 500kV、900 万 kW		1980	
		交流 1000kV、500 万 kW		1078	
		交流 1000kV、900 万 kW		1940	
		直流		1839	

A1.2　度电成本分析计算

根据第二、三章的计算方法以及相关数据，可得到输电方案与既有线运煤方案的度电成本。为研究度电成本与因素变化的关系，同时计算了因素一定变化量的度电成本，见表 A-3～表 A-7。

表 A-3　度电成本数据表

方案	既有线运煤方案/[元/(kW·h)]		输电方案/[元/(kW·h)]	
交流 500kV	L=0km	L=722km	L=0km	L=650km
1-3	0.2612	0.2983	0.2734	0.2956
2-3	0.2612	0.2983	0.2730	0.2963
交流 1000kV	L=0km	L=1111km	L=0km	L=1000km
3-3	0.2612	0.3182	0.2811	0.3083
4-3	0.2612	0.3182	0.2782	0.3105
直流	L=0km	L=2444km	L=0km	L=2200km
5-3	0.2612	0.3866	0.2934	0.3453

表 A-4　度电成本数据表(输电线造价+10%)

方案	既有线运煤方案/[元/(kW・h)]		输电方案/[元/(kW・h)]	
交流 500kV	L=0km	L=722km	L=0km	L=650km
1-3	0.2612	0.2983	0.2734	0.2966
2-3	0.2612	0.2983	0.2730	0.2974
交流 1000kV	L=0km	L=1111km	L=0km	L=1000km
3-3	0.2612	0.3182	0.2811	0.3104
4-3	0.2612	0.3182	0.2782	0.3131
直流	L=0km	L=2444km	L=0km	L=2200km
5-3	0.2612	0.3866	0.2934	0.3481

表 A-5　度电成本数据表(煤种发热量+10%)

方案	既有线运煤方案/[元/(kW・h)]		输电方案/[元/(kW・h)]	
交流 500kV	L=0km	L=722km	L=0km	L=650km
1-3	0.2607	0.2944	0.2731	0.2943
2-3	0.2607	0.2944	0.2727	0.2949
交流 1000kV	L=0km	L=1111km	L=0km	L=1000km
3-3	0.2607	0.3125	0.2801	0.3054
4-3	0.2607	0.3125	0.2774	0.3073
直流	L=0km	L=2444km	L=0km	L=2200km
5-3	0.2607	0.3747	0.2915	0.3406

表 A-6　度电成本数据表(既有线运价+10%)

方案	既有线运煤方案/[元/(kW・h)]		输电方案/[元/(kW・h)]	
交流 500kV	L=0km	L=722km	L=0km	L=650km
1-3	0.2618	0.3026	0.2734	0.2956
2-3	0.2618	0.3026	0.2730	0.2963
交流 1000kV	L=0km	L=1111km	L=0km	L=1000km
3-3	0.2618	0.3245	0.2811	0.3083

续表

方案	既有线运煤方案/[元/(kW·h)]		输电方案/[元/(kW·h)]	
4-3	0.2618	0.3245	0.2782	0.3105
直流	L=0km	L=2444km	L=0km	L=2200km
5-3	0.2618	0.3998	0.2934	0.3453

表 A-7　度电成本数据表(输电年运维费用+10%)

方案	既有线运煤方案/[元/(kW·h)]		输电方案/[元/(kW·h)]	
交流 500kV	L=0km	L=722km	L=0km	L=650km
1-3	0.2612	0.2983	0.2736	0.2961
2-3	0.2612	0.2983	0.2731	0.2968
交流 1000kV	L=0km	L=1111km	L=0km	L=1000km
3-3	0.2612	0.3182	0.2816	0.3096
4-3	0.2612	0.3182	0.2785	0.3118
直流	L=0km	L=2444km	L=0km	L=2200km
5-3	0.2612	0.3866	0.2943	0.3474

A2　既有线运煤与输电临界距离

A2.1　临界距离影响因素分析

影响既有线运煤与输电度电成本临界距离的因素如表 A-8 所示，其中煤炭发热量分别取 3300 大卡、4500 大卡、5000 大卡、5500 大卡和 6500 大卡，其他相关因素在基础(标准)数据的基础上分别增加 10%、20%、30%、40%和 50%。在其他因素取基础数据的条件下，计算不同情景的运煤输电度电成本临界距离，如表 A-8～表 A-13 所示。

表 A-8　计算因素情景设计方案

因素	1	2	3	4	5
煤种发热量/大卡	3300	4500	5000	5500	6500
既有线运价增加/%	+10	+20	+30	+40	+50

续表

因素	1	2	3	4	5
输电年运维费用增加/%	+10	+20	+30	+40	+50
输电线造价增加/%	+10	+20	+30	+40	+50

表 A-9　在不同因素变化情景下的临界距离 1-3　（单位：km）

变化因素	基础方案	1	2	3	4	5
煤种发热量	526	208	357	435	526	768
既有线运价	526	398	314	255	211	176
输电年运维费用	526	548	571	595	622	650
输电线造价	526	566	614	671	743	836

表 A-10　在不同因素变化情景下的临界距离 2-3　（单位：km）

变化因素	基础方案	1	2	3	4	5
煤种发热量	550	206	365	449	550	827
既有线运价	550	407	318	255	209	174
输电年运维费用	550	575	603	633	666	702
输电线造价	550	601	666	749	863	1038

表 A-11　在不同因素变化情景下的临界距离 3-3　（单位：km）

变化因素	基础方案	1	2	3	4	5
煤种发热量	664	434	555	608	664	782
既有线运价	664	540	451	384	331	289
输电年运维费用	664	697	733	771	812	855
输电线造价	664	713	772	841	924	1027

表 A-12　在不同因素变化情景下的临界距离 4-3　（单位：km）

变化因素	基础方案	1	2	3	4	5
煤种发热量	681	406	549	613	681	826
既有线运价	681	533	432	359	304	260
输电年运维费用	681	724	771	823	880	944
输电线造价	681	761	865	1005	1204	1523

表 A-13　在不同因素变化情景下的临界距离 5-3　（单位：km）

变化因素	基础方案	1	2	3	4	5
煤种发热量	935	657	801	866	935	1084
既有线运价	935	785	673	587	518	462
输电年运维费用	935	977	1022	1068	1116	1166
输电线造价	935	971	1010	1053	1100	1152

A2.2　临界距离计算因素敏感性分析

根据表 A-8～表 A-13 所示的计算结果，可以绘制运煤输电度电成本临界距离与各个影响因素的关系曲线图（见图 A-1～图 A-8）。

关系曲线图用于描述指标与因素变化之间的关系，可以看出，既有线运煤与输电临界距离随煤种发热量、输电线造价、输电运维费用的增加而延长；随铁路既有线运价的增加而缩短。

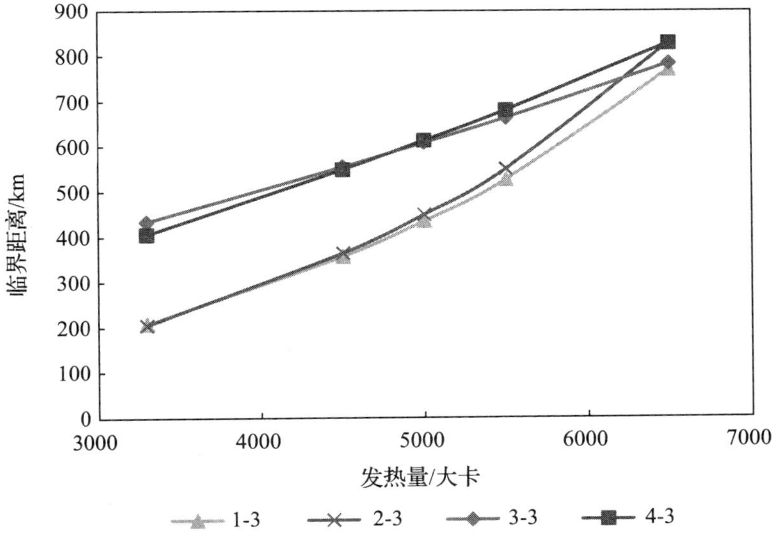

图 A-1　$l=f(F_i)$关系图（交流输电、既有线运煤）

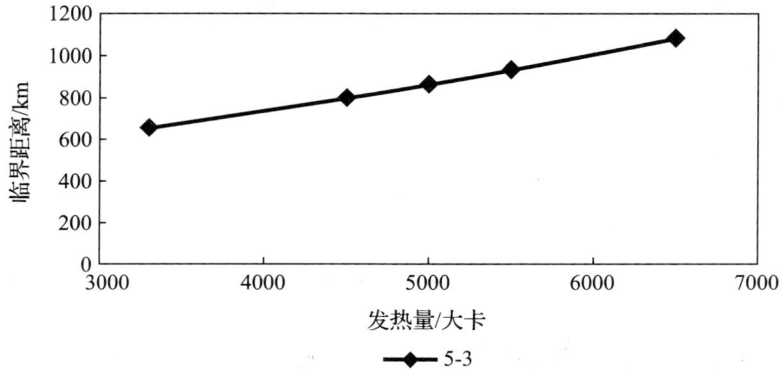

图 A-2　$l=f(F_i)$关系图(直流输电、既有线运煤)

由图 A-1、图 A-2 可见,运煤、输电临界距离随煤种发热量的增加而延长,且 500kV 交流输电较 1000kV 增加速度快。

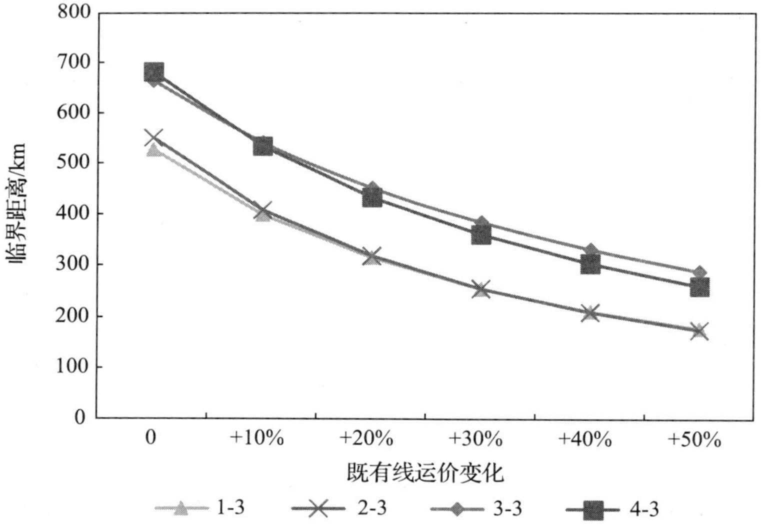

图 A-3　$l=f(e_{12})$关系图(交流输电、既有线运煤)

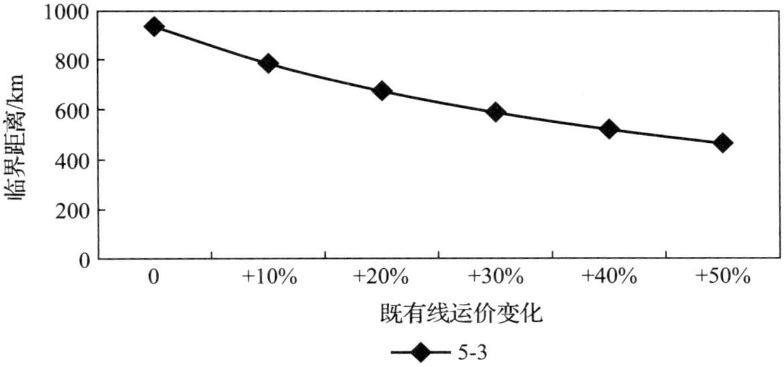

图 A-4 $l=f(e_{12})$关系图(直流输电、既有线运煤)

由图 A-3、图 A-4 可见,运煤、输电临界距离随既有线运价的增加而缩短。

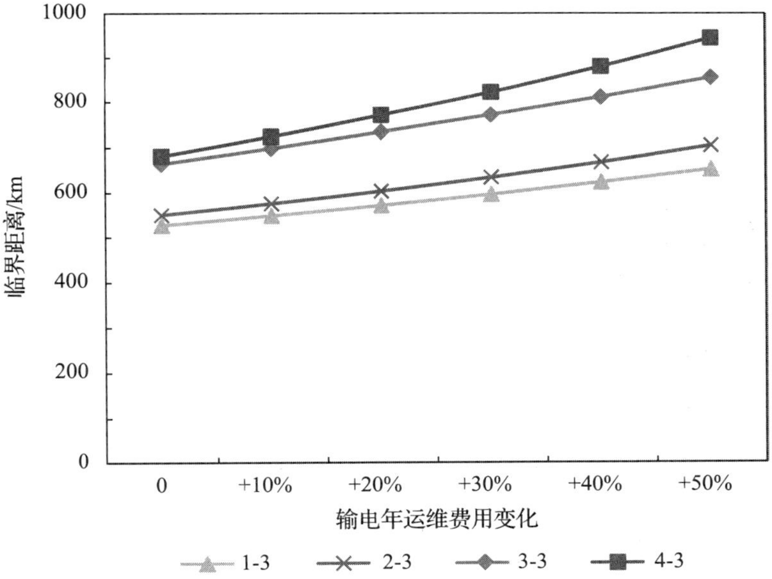

图 A-5 $l=f(\lambda_{运})$关系图(交流输电、既有线运煤)

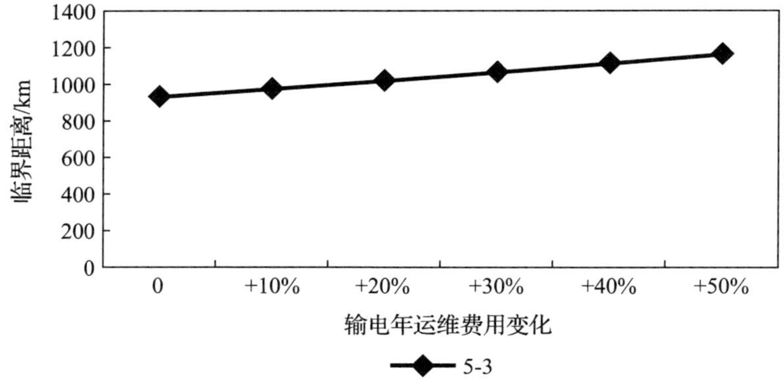

图 A-6　$l=f(\lambda_{运})$关系图(直流输电、既有线运煤)

由图 A-5、图 A-6 可见，运煤、输电临界距离随输电年运维费用的增加而延长，但影响不大。

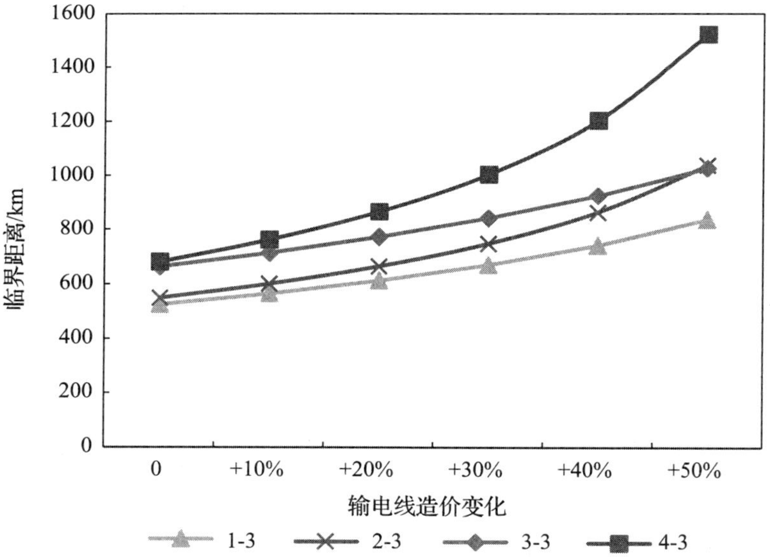

图 A-7　$l=f(e_{222})$关系图(交流输电、既有线运煤)

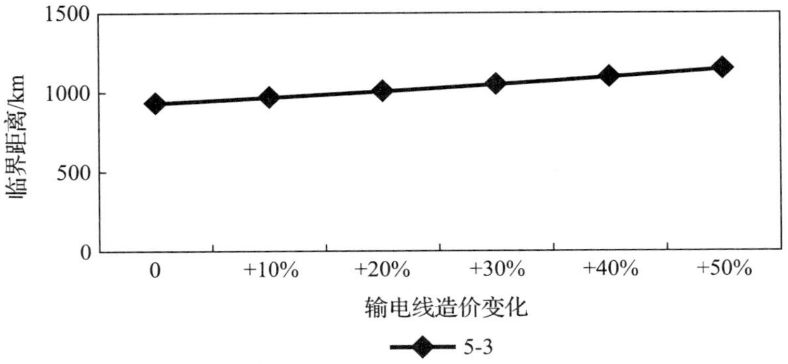

图 A-8 $l=f(e_{222})$关系图(直流输电、既有线运煤)

由图 A-7、图 A-8 可见,运煤、输电临界距离随输电线造价的增加而延长。

既有线运煤与输电临界距离的敏感度系数计算结果见表 A-14。计算结果表明:

(1) 临界距离关于煤种(发热量)的敏感度系数最大,也就是说,煤种变化是对运煤、输电临界距离变化的影响最大,其值最大达到 0.92,且它随煤种发热量的提高和输电电压的下降而增加。

(2) 临界距离关于输电线造价的敏感度系数较大,它随造价的增加而增加。

(3) 临界距离关于输电年运维费用的敏感度系数相对较小。

表 A-14 方案 3-3 临界距离关于相关因素的敏感度系数计算表

因素	因素变化量			临界距离变化量/km			系数
	数值 1	数值 2	变化量	数值 1	数值 2	变化量	
煤种发热量	5000 大卡	5500 大卡	500 大卡	608.07	663.64	55.57	0.9211
输电年运维费用占输电工程总投资的比例	2.50%	2.75%	0.25%	663.64	697.47	33.83	0.5335
输电线造价	800 万元/km	880 万元/km	80 万元/km	663.64	713.48	49.84	0.7684

A3　既有线运煤与输电有利范围、可用范围分析

A3.1　运煤输电临界距离及有利取值范围

A3.1.1　运煤输电临界距离

在度电成本及临界距离计算中，若对每个相关因素的基础数据增加10%，可得一组相关的数据，即可以确定临界距离的取值范围，以及既有线运煤、输电的有利范围（见表A-15和图A-9～图A-13）。

表A-15　临界距离取值范围表　（单位：km）

项目		1-3	2-3	3-3	4-3	5-3
基础方案		526	550	664	681	935
因素	煤种发热量增加10%	647	685	696	759	1015
	既有线运价增加10%	398	407	540	533	785
	输电年运维费用增加10%	548	575	697	724	977
	输电线造价增加10%	566	601	713	761	971
临界距离取值范围		400～650	400～700	550～700	550～750	800～1000

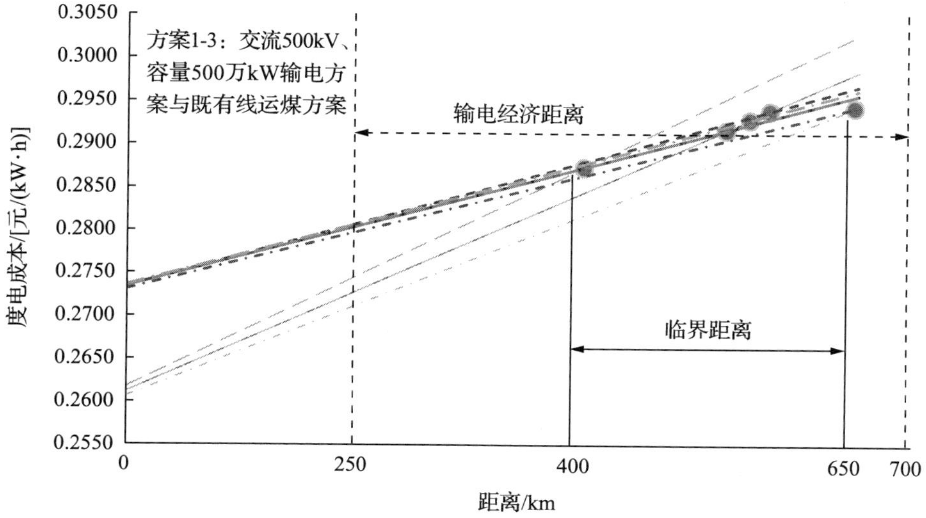

图A-9　方案1-3临界距离取值范围

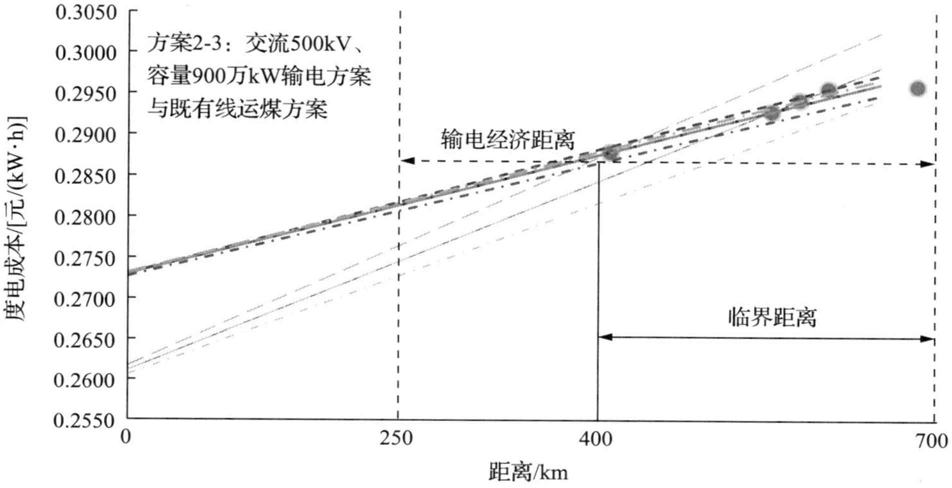

图 A-10　方案 2-3 临界距离取值范围

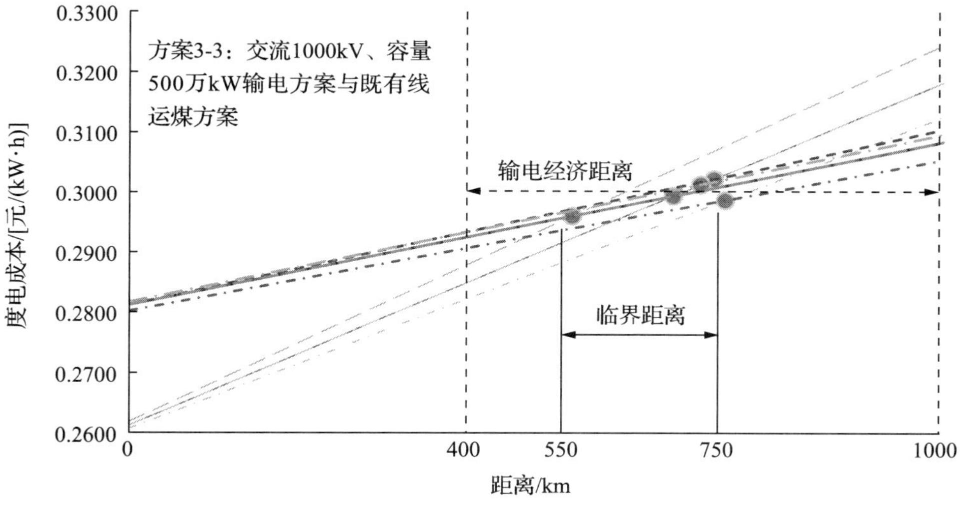

图 A-11　方案 3-3 临界距离取值范围

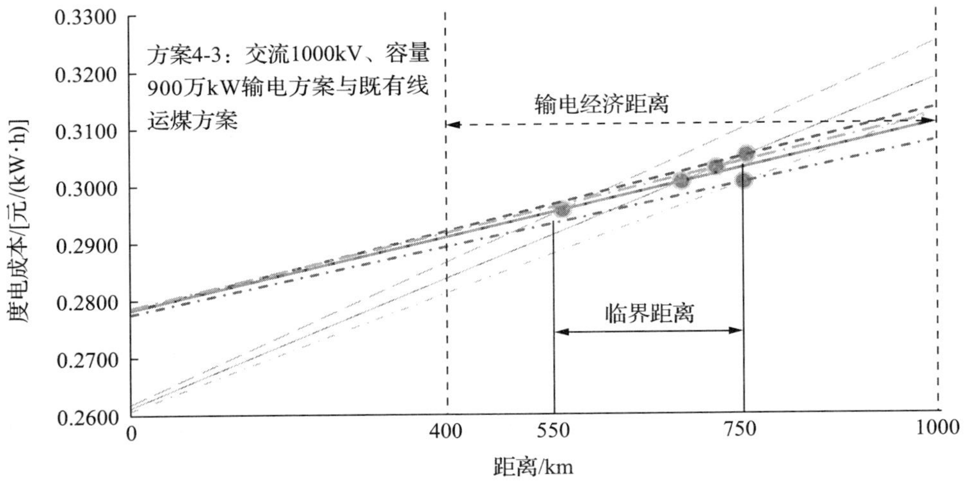

图 A-12 方案 4-3 临界距离取值范围

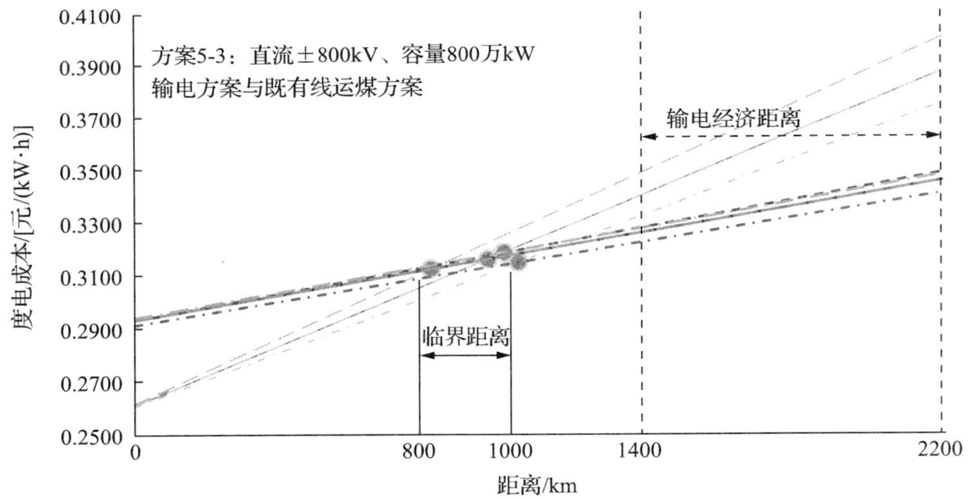

图 A-13 方案 5-3 临界距离取值范围

A3.1.2 运煤输电有利范围的取值范围

根据表 A-15 的数据，对于交流 500kV、500 万 kW 输电，临界距离为[400，650]km；对于交流 500kV、900 万 kW 输电，临界距离为[400，700]km。而经济距离为 250～700km 的条件下，输电有利范围为

400～700km(500 万 kW)，400～700km(900 万 kW)。而运煤有利范围由两部分组成：

(1) 0～650km(500 万 kW)或 0～700km(900 万 kW)。

(2) 700km～需要的最大距离(Lx)。

对于交流 1000kV、500 万 kW 输电，临界距离为[550，700]km；对于交流 1000kV、900 万 kW 输电，临界距离为[550，750]km。而经济距离为 400～1000km 的条件下，输电有利范围为 550～1000km(500 万 kW、900 万 kW)。而既有线运煤有利范围由两部分组成：

(1) 由 0km 至运煤、输电临界距离的上限，即对于 500 万 kW 为 0～700km；对于 900 万 kW，既有线运煤的有利范围为 0～750km。

(2) 受交流输电经济距离的限制，1000kV 交流输电的有利范围最大只能到 1000km。因而运距在 1000km 以上的输电工程，超出 1000km 的部分，应由适应性强的运煤方式来实现。据此，运煤的第二部分有利范围是由 1000km 至需要的最大运距(Lx)。

对于直流±800kV 输电，运煤、输电临界距离为[800，1000]km，而经济输电距离为 1400～2200km，在这一条件下，直流输电的有利范围为 800～2200km。

而既有线运煤的有利范围为：

(1) 0～1000km。

(2) 2200km～需要的最大距离(Lx)。

运煤、输电有利范围见表 A-16 和图 A-14～图 A-18。

表 A-16 运煤、输电有利范围汇总表

项目			交流输电				直流输电
			500kV		1000kV		±800kV
			500 万 kW	900 万 kW	500 万 kW	900 万 kW	800 万 kW
临界距离取值范围/km			400～650	400～700	550～700	550～750	800～1000
有利范围/km	运煤	1	0～650	0～700	0～700	0～750	0～1000
		2	700～Lx	700～Lx	1000～Lx	1000～Lx	2200～Lx
	输电		400～700	400～700	550～1000	550～1000	800～2200

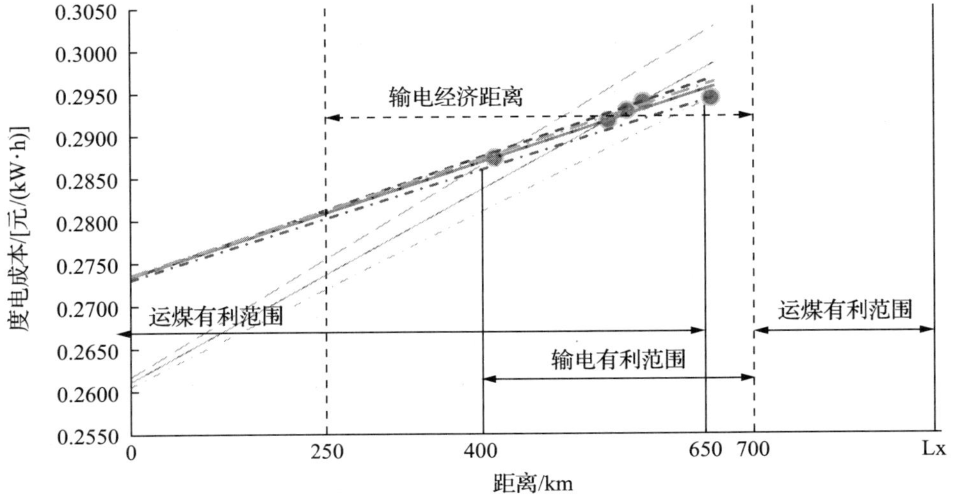

图 A-14　运煤输电有利范围图(交流 500kV、500 万 kW 输电，既有线运煤)

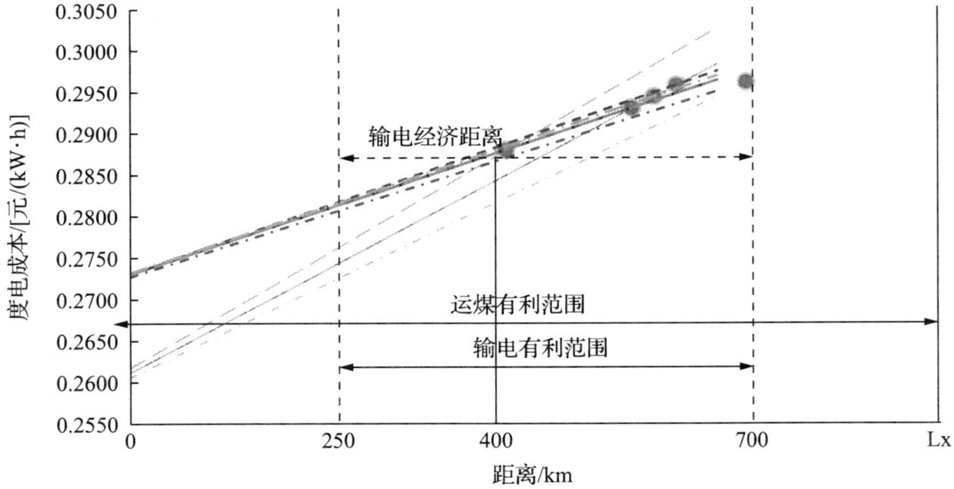

图 A-15　运煤输电有利范围图(交流 500kV、900 万 kW 输电，既有线运煤)

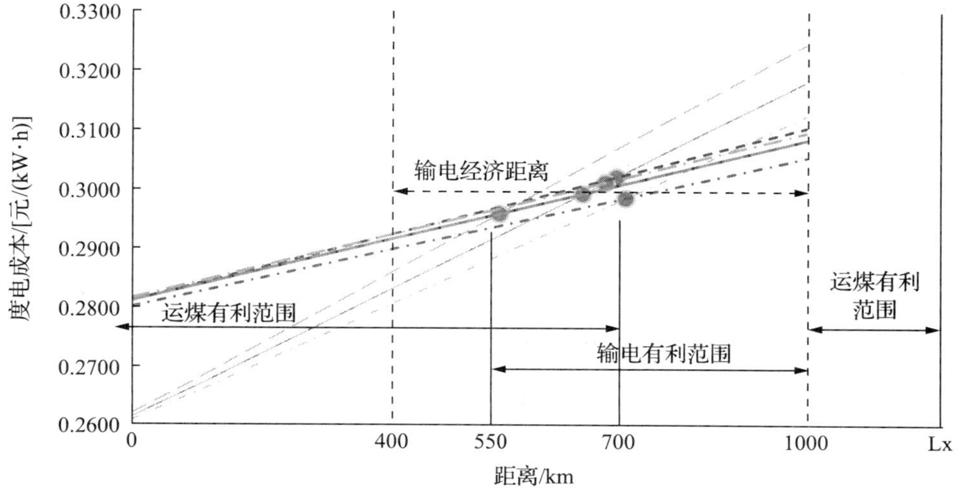

图 A-16 运煤输电有利范围图(交流 1000kV、500 万 kW 输电,既有线运煤)

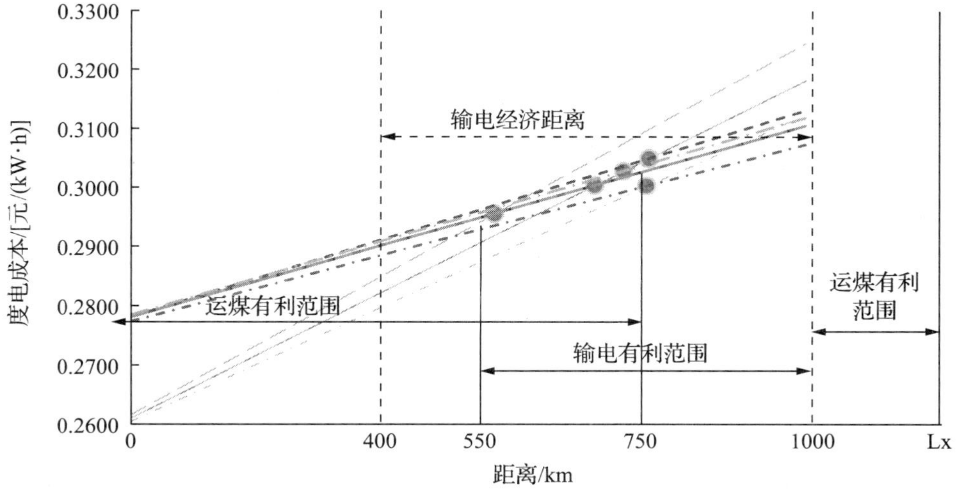

图 A-17 运煤输电有利范围图(交流 1000kV、900 万 kW 输电,既有线运煤)

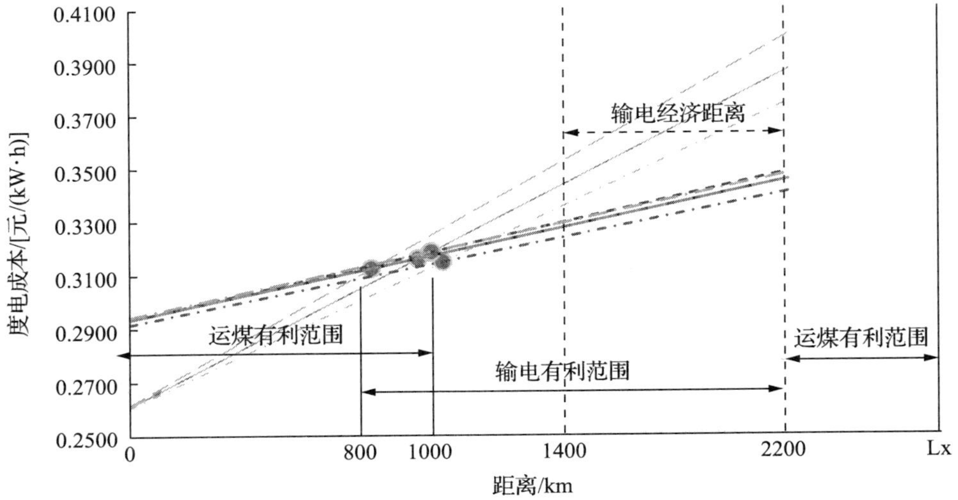

图 A-18　运煤输电有利范围图(直流±800kV 输电,既有线运煤)

A3.2　既有线运煤、输电可接受共用距离

A3.2.1　运煤输电可接受共用距离

运煤输电可接受共用距离是指因运煤、输电度电成本差对运煤、输电方案决策的影响在可接受范围内,而对运煤、输电方案都可采用的距离范围。

分析计算表明,在一定距离条件下,运煤、输电度电成本的比较差,在数值上一般都不大,如表 A-17 所示,在零距离时度电成本比较差(ΔC_0)在 0.01～0.04 元/度,而达到最大需要距离时,度电成本比较差(ΔC_L)普遍都在 0.02 元/度以下。若取 ε 为运煤、输电决策均可接收的度电成本比较差,则可以计算出相应的运煤、输电共用距离取值范围。

按第五章第一节的相关内容,对于方案 1-3,若取 ε=0.005,则有

$$L_{共} = \frac{2 \times 0.005 \times 650}{0.0122 + 0.0027} \approx 436(\text{km})$$

将其他方案的共用距离计算结果汇总列于表 A-17。根据表 A-15 的临界距离及表 A-17 的 $L_{共}$，可得运煤、输电共用距离的取值范围见表 A-18 和图 A-19～图 A-23。

表 A-17　运煤输电度电成本差和共用距离表

方案	运煤、输电度电成本差/[元/(kW·h)]		运煤、输电度电成本变化量/[元/(kW·h)]		ε/(元/度)	$L_{共}$/km
	ΔC_0	ΔC_l	ΔC_x	ΔC_y		
交流输电						
1-3	0.0122	0.0027	0.0221	0.0371	0.0050	436
2-3	0.0118	0.0020	0.0233	0.0371	0.0050	471
3-3	0.0199	0.0099	0.0272	0.0570	0.0050	335
4-3	0.0170	0.0077	0.0323	0.0570	0.0050	405
直流输电						
5-3	0.0314	0.0199	0.0518	0.1031	0.0080	687

表 A-18　运煤输电共用距离取值范围表

方案	ε/(元/度)	$L_{共}$/km		临界距离/km	取值范围/km
		计算值	取值		
交流输电					
1-3	0.0050	436	440	526	310～750
2-3	0.0050	471	470	550	310～780
3-3	0.0050	335	340	664	490～830
4-3	0.0050	405	410	681	480～890
直流输电					
5-3	0.0080	478	480	935	690～1170

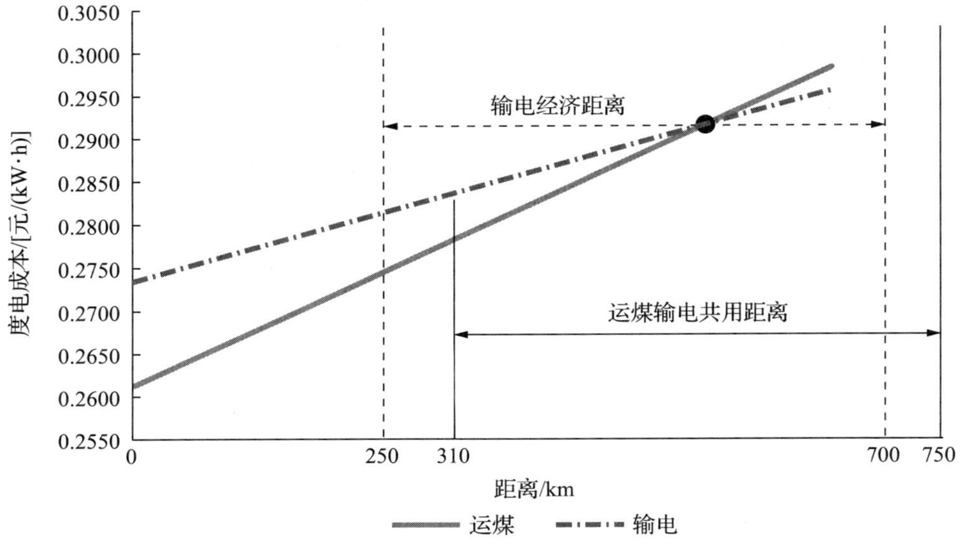

图 A-19　共用距离图(交流 500kV、500 万 kW 输电,既有线运煤)

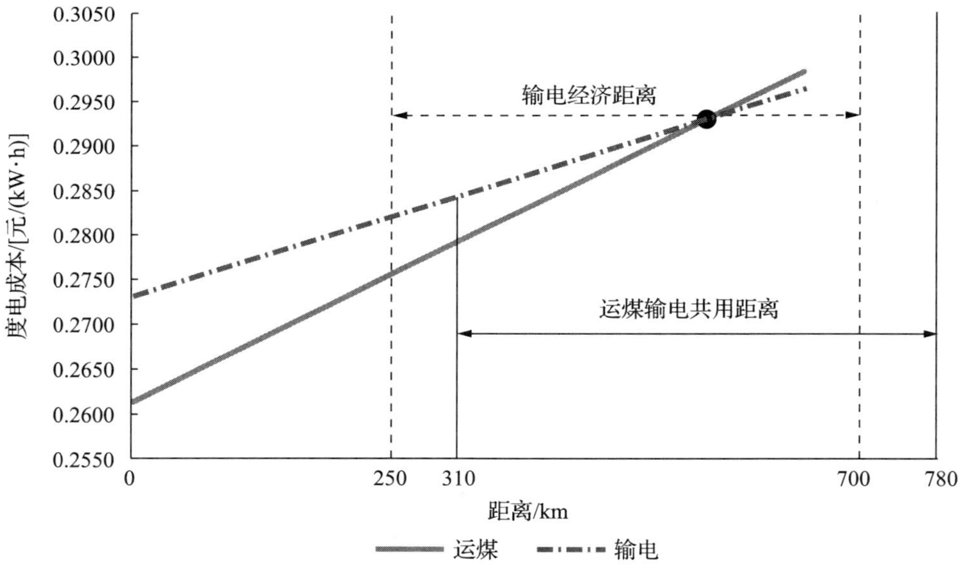

图 A-20　共用距离图(交流 500kV、900 万 kW 输电,既有线运煤)

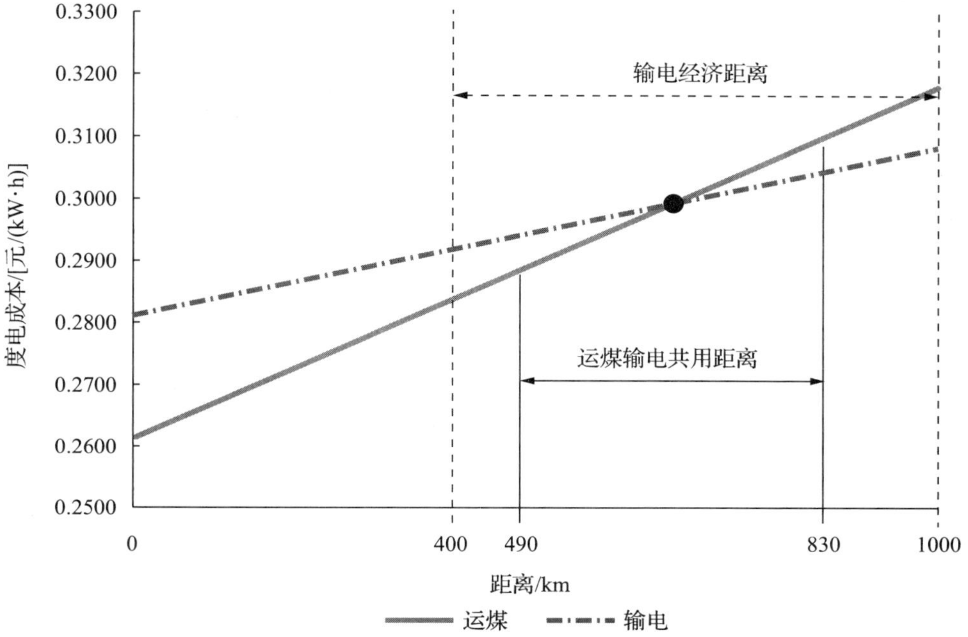

图 A-21 共用距离图(交流 1000kV、500 万 kW 输电,既有线运煤)

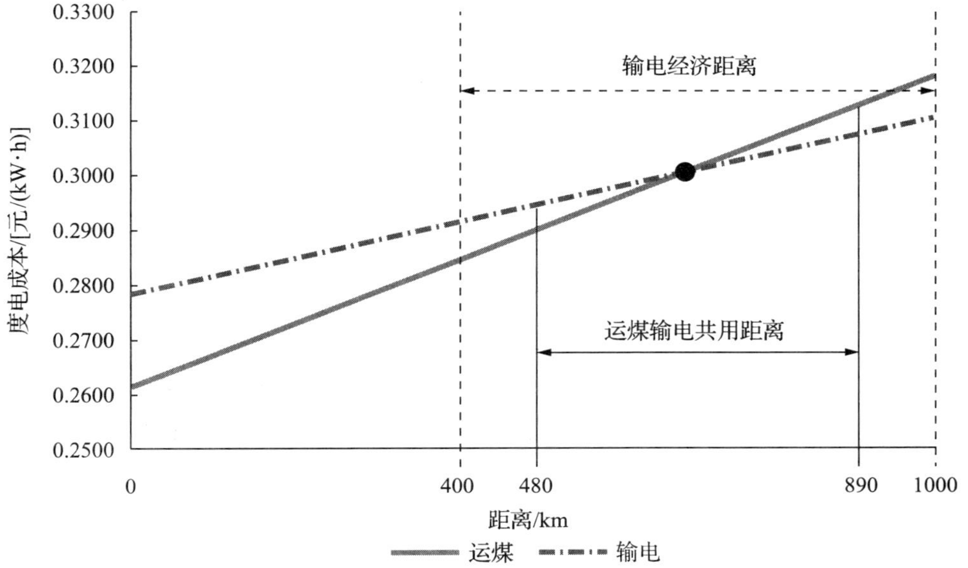

图 A-22 共用距离图(交流 1000kV、900 万 kW 输电,既有线运煤)

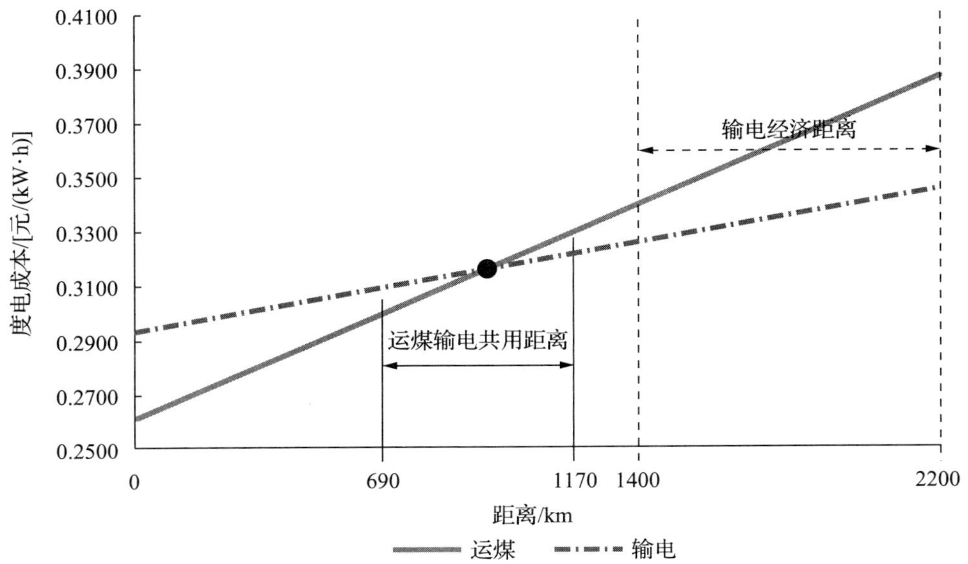

图 A-23　共用距离图(直流±800kV、800 万 kW 输电,既有线运煤)

A3.2.2　运煤输电可用范围

运煤、输电可用范围是指运煤、输电实际可使用的距离范围。

1) 交流 500kV 情景下运煤输电方案的可用范围

根据表 A-18 的数据,对于交流 500kV、500 万 kW 输电,共用距离为[310,750]km,在经济距离为 250～700km 的条件下,输电可用范围为 310～700km;

而既有线运煤可用范围由两部分组成:

(1) 0～750km。

(2) 700km～需要的最大距离。

两部分可用范围相衔接,形成了 0～Lx 的可用范围。

对于交流 500kV、900 万 kW 输电,在共用距离为[310,780]km,在经济距离为 250～700km 的条件下,输电可用范围为 310～700km;

而既有线运煤可用范围由两部分组成:

(1) 0～780km。

(2) 700km～需要的最大距离。

两部分可用范围相衔接，形成了0～Lx的可用范围。

此情景下，运煤、输电可用范围见表A-19和图A-24、图A-25。

表A-19　运煤、输电可用距离范围汇总表

项目			交流输电				直流输电
			500kV		1000kV		±800kV
			500万kW	900万kW	500万kW	900万kW	800万kW
共用距离取值范围/km			310～750	310～780	490～830	480～890	690～1170
有利范围/km	运煤	1	0～750	0～780	0～830	0～890	0～1170
		2	700～Lx	700～Lx	1000～Lx	1000～Lx	2200～Lx
	输电		310～700	310～700	490～1000	480～1000	690～2200

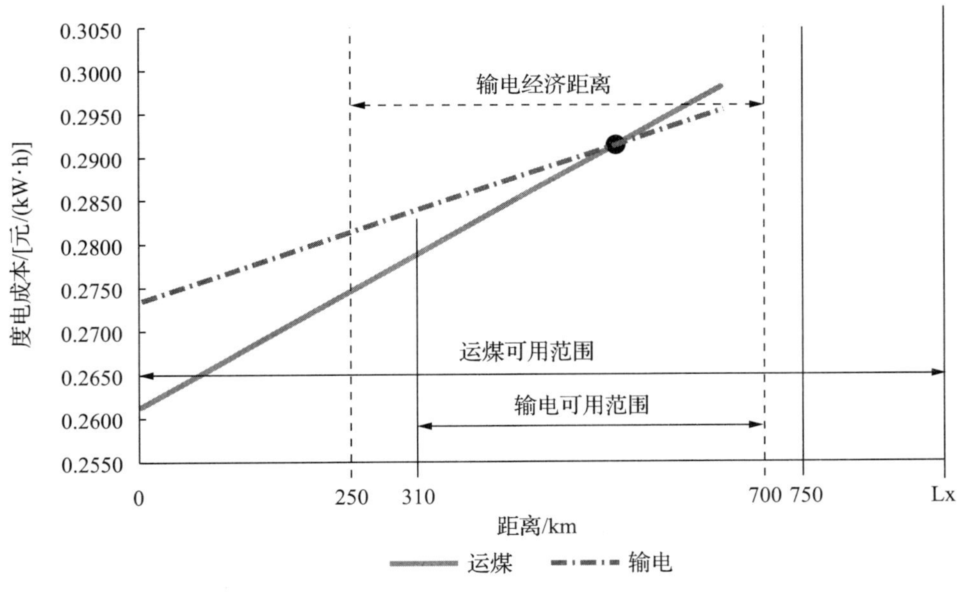

图A-24　运煤输电可用范围图(交流500kV、500万kW输电，既有线运煤)

2）交流1000kV情景下运煤输电方案的可用范围

根据表A-18的数据，对于交流1000kV、500万kW输电，共用距离为[490，830]km，在经济距离为400～1000km的条件下，输电可用范围均为490～1000km。

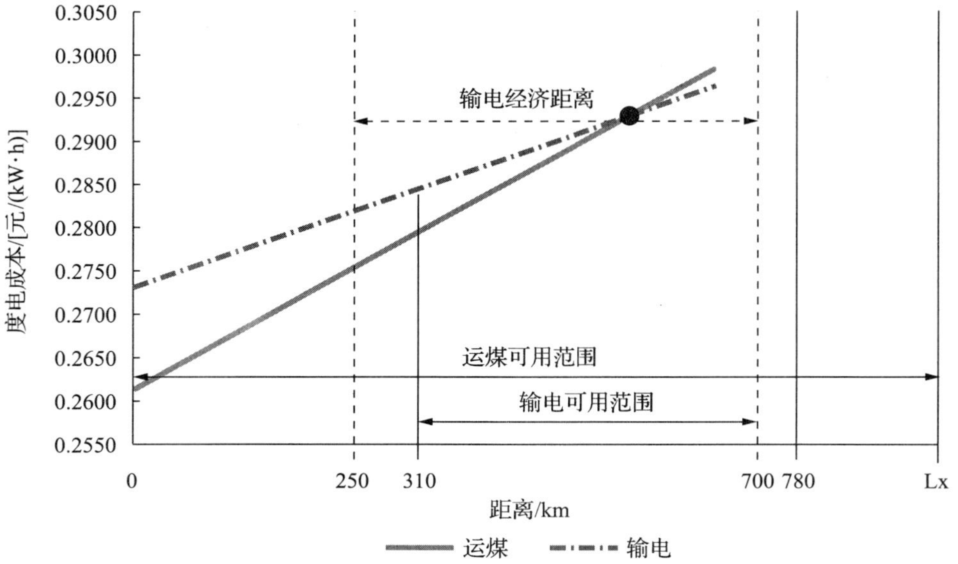

图 A-25 运煤输电可用范围图(交流 500kV、900 万 kW 输电,既有线运煤)

而既有线运煤可用范围由两部分组成:

(1) 0～830km。

(2) 1000km～需要的最大距离。

对于交流 1000kV、900 万 kW 输电,共用距离为[480,890]km,在经济距离为 400～1000km 的条件下,输电可用范围均为 480～1000km。

而既有线运煤可用范围由两部分组成:

(1) 0～890km。

(2) 1000km～需要的最大距离。

此情景下运煤、输电可用范围见表 A-19 和图 A-26、图 A-27。

3) 直流±800kV 情景下运煤输电方案的可用范围

根据表 A-18 的数据,对于直流±800kV、800 万 kW 输电,共用距离为[690,1170]km,在经济距离为 1400～2200km 的条件下,输电可用范围为 690～2200km。

而既有线运煤可用范围由两部分组成:

(1) 0～1170km。

(2) 2200km～需要的最大距离。

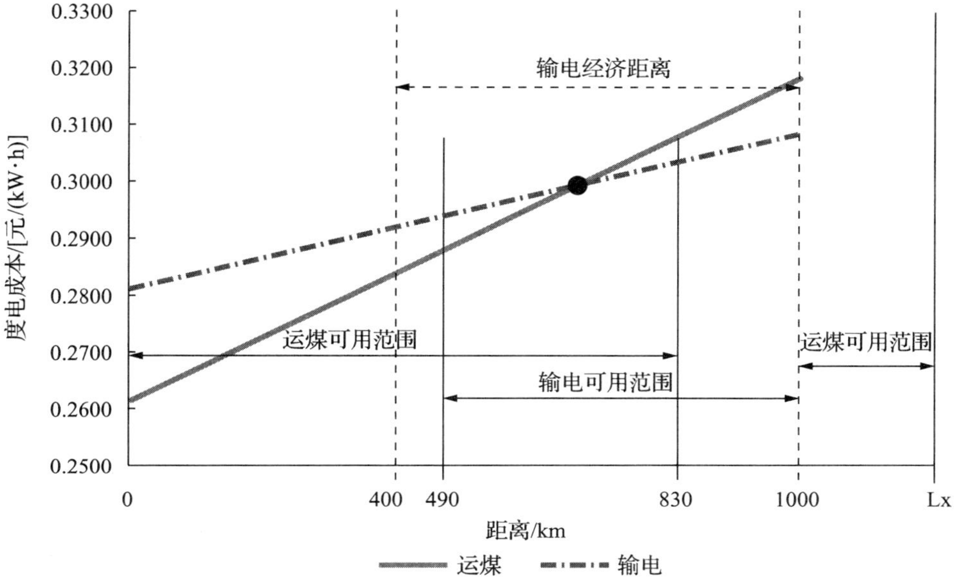

图 A-26 运煤输电可用范围图(交流 1000kV、500 万 kW 输电,既有线运煤)

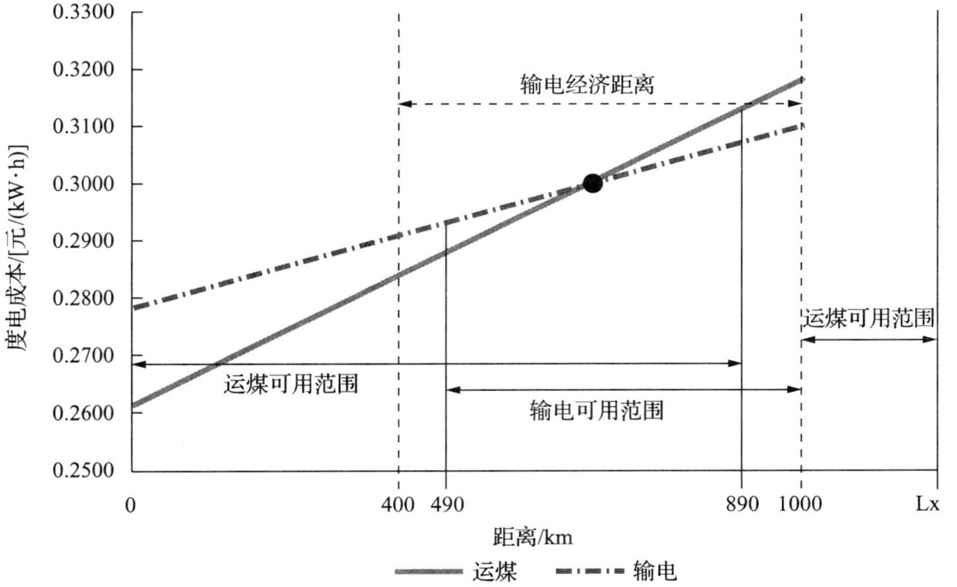

图 A-27 运煤输电可用范围图(交流 1000kV、900 万 kW 输电,既有线运煤)

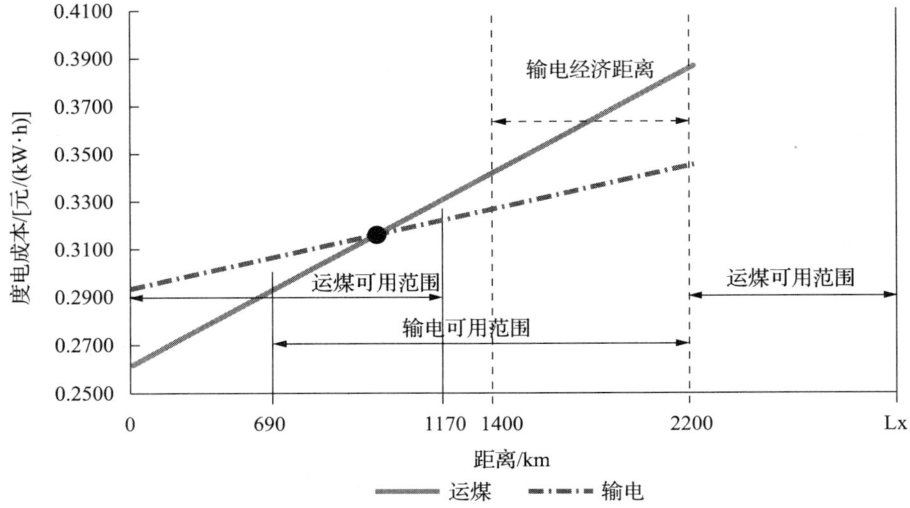

图 A-28　运煤输电可用范围图(直流±800kV 输电,既有线运煤)

A4　既有线运煤与输电临界距离和有利范围、共用距离和可用范围

既有线运煤与输电临界距离和有利范围、共用距离和可用范围,如表 A-20 所示。

表 A-20　既有线运煤与输电临界距离和有利范围、共用距离和可用范围汇总表

项目			交流输电				直流输电
			500kV		1000kV		±800kV
			500 万 kW	900 万 kW	500 万 kW	900 万 kW	800 万 kW
临界距离取值范围/km			400～650	400～700	550～700	550～750	800～1000
共用距离取值范围/km			310～750	310～780	490～830	480～890	690～1170
有利范围/km	运煤	1	0～650	0～700	0～700	0～750	0～1000
		2	700～Lx	700～Lx	1000～Lx	1000～Lx	2200～Lx
	输电		400～700	400～700	550～1000	550～1000	800～2200
可用距离/km	运煤	1	0～750	0～780	0～830	0～890	0～1170
		2	700～Lx	700～Lx	1000～Lx	1000～Lx	2200～Lx
	输电		310～700	310～700	490～1000	480～1000	690～2200

附录B　课题组成员名单

组　长：

傅志寰　中国工程院院士

副组长：

胡思继　北京交通大学交通运输学院教授

顾　问：

傅选义　国家铁路局副局长

徐国新　中国电力规划设计总院高级工程师

报告编写组人员：

周渝慧　北京交通大学电气工程学院教授

郎茂祥　北京交通大学交通运输学院教授

林晓言　北京交通大学经济管理学院经济分院院长、教授

武　旭　北京交通大学交通运输学院副教授

姜秀山　北京交通大学交通运输学院副教授

程家兴　北京交通大学交通运输学院硕士研究生

郎　爽　北京交通大学交通运输学院硕士研究生

林　枫　北京交通大学交通运输学院博士研究生

肖　欣　北京交通大学电气工程学院硕士研究生

陈晓双　北京交通大学电气工程学院硕士研究生

潘　登　北京交通大学电气工程学院硕士研究生

孙　岩　北京交通大学交通运输学院博士研究生

李玉莹　北京交通大学交通运输学院硕士研究生

王晓炜　北京交通大学交通运输学院硕士研究生

韩信美　北京交通大学经济管理学院博士研究生
刘秀英　北京交通大学经济管理学院博士研究生
刘建川　北京交通大学经济管理学院硕士研究生
杨　革　北京交通大学交通运输学院硕士研究生